VOCABULARIUM NOCENTIUM FLORAE

WÖRTERBUCH
DER WICHTIGSTEN PFLANZENSCHÄDLINGE
PFLANZENKRANKHEITEN UND UNKRÄUTER

IN DEN SPRACHEN
DEUTSCH · LATEINISCH · DÄNISCH · ENGLISCH · FRANZÖSISCH
ITALIENISCH · HOLLÄNDISCH · RUSSISCH · SCHWEDISCH · SPANISCH

WÖRTERBUCH DER PFLANZENSCHÄDLINGE
VOCABULARIUM NOCENTIUM FLORAE
ORDBOG FOR PLANTESYGDOMME OG SKADEDYR
DICTIONARY OF PLANT PESTS AND DISEASES
DICTIONNAIRE DES PARASITES DES PLANTES
DIZIONARIO DEI PARASSITI DELLE PIANTE
WOORDENBOEK VAN HET SCHADELIJKE ONGEDIERTE
СЛОВАРЬ ВРЕДИТЕЛЕЙ РАСТЕНИЙ
ORDBOK FÖR VAXTSKYDD
VOCABULARIO DE LOS PARASITOS DE LAS PLANTAS

VON

RICHARD KWIZDA

WIEN

VIERTE AUFLAGE

ZEHNSPRACHIG
IN TABELLENFORM

WIEN · SPRINGER VERLAG · 1963

ISBN-13: 978-3-211-80646-3   e-ISBN-13: 978-3-7091-7916-1
DOI: 10.1007/978-3-7091-7916-1

Alle Rechte, insbesondere das der Übersetzung in fremde Sprachen, vorbehalten.

Ohne ausdrückliche Genehmigung des Verlages ist es auch nicht gestattet, dieses Buch oder Teile daraus auf photomechanischem Wege (Photokopie, Mikrokopie) oder sonstwie zu vervielfältigen.

Copyright 1963 by Springer Verlag/Wien

Die Ausschaltung der Feinde der Kulturpflanzen ist, da der „Kampf gegen den Hunger" eine der vordringlichsten Aufgaben der Gegenwart darstellt, eine unerläßliche Produktionsmaßnahme in der Landwirtschaft.

Dieses Ziel kann aber nur durch Gemeinschaftsarbeit zwischen Landwirtschaft und Industrie im Lande selbst und darüber hinaus durch internationale Zusammenarbeit erreicht werden.

Jede Bemühung um eine solche, sogar über Kontinente hinaus notwendige Zusammenarbeit, wie sie auch in dem vorliegenden 10-sprachigen „Wörterbuch der wichtigsten Pflanzenschädlinge, -krankheiten und Unkräuter" zum Ausdruck kommt, verdient daher die Beachtung und den Dank der Landwirtschaft, deren Nutzen sie vor allem dient. Dieses Werk stellt aber auch eine anerkennenswerte Pionierarbeit eines Österreichers dar.

In diesem Sinne begrüße ich das Erscheinen dieses Buches, das eine wertvolle Bereicherung der einschlägigen Fachliteratur darstellt.

Bundesminister
für Land- und Forstwirtschaft

Wien, im November 1963

Vorwort zur 4. Auflage

Die vorliegende Auflage ist die 4. Ausgabe dieses Wörterbuches. Die 1. Auflage ist im Jahre 1952 erschienen. In der Zwischenzeit hat der Pflanzenschutz und die Schädlingsbekämpfung eine weitere bedeutende Entwicklung genommen; in der vorliegenden Neuauflage wurde dieser nach Möglichkeit Rechnung getragen.

Es ist eine feststehende Tatsache, daß Schädlinge nicht vor Grenzen halt machen, ja daß selbst Weltmeere kein Hindernis für ihre Verbreitung bilden. Die Gefahr der Schädlinge für die stark anwachsende Menschheit ist daher immer gegeben. Viele Hungerkatastrophen, vor allem in den Entwicklungsländern, sind oft nur die mittelbare oder unmittelbare Folge von Verwüstungen ganzer Landstriche durch Schädlinge. Die moderne Wissenschaft gibt die Möglichkeit einer wirksamen Bekämpfung der Pflanzenschädlinge, -krankheiten und Unkräuter; es ist aber notwendig, daß zwischen den einzelnen Ländern eine entsprechende Zusammenarbeit geschaffen wird. Nur durch den weltweiten Gedankenaustausch kann der Aufgabe der Bekämpfung von Pflanzenschädlingen und -krankheiten der volle Erfolg beschieden sein, und die Zusammenarbeit gerade auf diesem Gebiete ist eine der Pionierarbeiten für ein friedliches und erfolgreiches panmondiales Denken und Arbeiten. Das vorliegende Wörterbuch soll dieser Zusammenarbeit förderlich sein, und ich hoffe, daß es zur wissenschaftlichen Verständigung beitragen möge.

Es ist mir bewußt, daß das vorliegende Werk mit der Zusammenstellung von ca. 500 Bezeichnungen für Pflanzenschädlinge, -krankheiten und Unkräuter noch zweckmäßigerweise der Ergänzungen bedürfen wird. Ich spreche daher die Bitte aus, mir nicht nur aus wissenschaftlichen Kreisen sondern auch aus jenen der Wirtschaft und der Praxis Anregungen für Ergänzungen und Verbesserungen zukommen zu lassen.

Ich komme einer Dankespflicht nach, wenn ich allen, die mir bei der Fertigstellung dieser Arbeit mit Rat und Tat behilflich waren, meinen verbindlichen Dank ausspreche.

Wien, im November 1963   Dr. et Mr. Richard Kwizda

Preface to the 4th edition

This is the 4th edition of this dictionary. The first edition was published in 1952. Meanwhile plant protection and pest control have been developed further; this fact has been taken into consideration on the occasion of publishing this new edition.

It is a fact that pests do not mind national frontiers, not even oceans are obstacles for them. The danger of pests for the steadily increasing population of the world does exist. Famines especially in development countries are often only the direct or indirect result of pest devastations of entire regions. Modern science gives us a chance of effective control of plant pests, diseases and weeds; therefore it is necessary to establish good international co-operation. Only by a worldwide international exchange of experience is it possible to solve successfully the problem of the control of pests and diseases. Especially in this field co-operation is one of the aspects of the spade-work for peaceful and successful thinking and working. The present dictionary may advance this co-operation and I hope it will be a contribution to a better international scientific understanding.

I know that the present edition, which contains about 500 names of plant pests, diseases and weeds, will require some completion. Therefore I beg to ask you submit suggestions for enlarging and improving this dictionary not only with the help of scientists, but also of economists and people with practical ecperience.

On this occasion I thank all those who helped to complete this edition in word and deed.

Vienna, November 1963   Dr. et Mr. Richard Kwizda

Préface de la quatrième édition

La présente édition est la quatrième de ce dictionnaire. La première édition parut en 1952. Entretemps, la protection des végétaux et la lutte antiparasitaire se sont développées considérablement. Cette nouvelle édition s'efforce de tenir compte de cette évolution.

Les parasites ne connaissent pas de frontières; rien ne les arrête, et les océans eux-mêmes ne sont pas un obstacle à leur propagation. Ils continuent d'être un danger pour l'humanité dont la population croît sans cesse.

La famine, surtout dans les pays en voie de développement, est souvent la conséquence des dévastations de régions entières par les parasites. La science moderne nous donne les moyens de combattre efficacement les parasites des végétaux, les maladies cryptogamiques et les mauvaises herbes. Mais il faut créer une collaboration internationale. La lutte antiparasitaire dirigée contre les ravageurs et les maladies cryptogamiques ne peut être vouée au succès que par un échange d'idées dans le monde entier. Dans ce domaine, plus encore que dans tout autre, il est essentiel de réaliser une coopération internationale, fondement de toute pensée constructive et de toute activité pacifique à l'échelle mondiale. J'espère que le présent dictionnaire encouragera cette collaboration et qu'il contribuera à la compréhension mutuelle sur le plan scientifique.

Je me rends parfaitement compte que le présent ouvrage, qui comprend 500 noms de parasites, maladies et mauvaises herbes, doit être complété. C'est purquoi je m'adresse aux milieux scientifiques, aux spécialistes de l'industrie et aux praticiens, pour les prier de me suggérer des compléments et des améliorations.

Je remercie ici tous ceux qui m'ont secondé dans ce travail, qui m'ont apporté leur aide et prodigué leurs conseils.

Vienne, novembre 1963   Dr. et Mr. Richard Kwizda

Предисловие к 4-му изданию

В предлагаемом читателю 4-ом издании словаря (1-ое издание вышло в 1952 году) учтены по мере возможности достижения последних восьми лет в области защиты растений и борьбы с вредителями.

Как известно, границы государств не в состоянии преградить заноса и вторжения вредителей и даже океаны не препятствуют их распространению. В результате опустошений обширных территорий вредителями и болезнями непрерывно растущее население земного шара находится постоянно под прямой или косвенной угрозой катастроф голода. Эта опасность особенно велика в экономически отсталых странах. Благодаря достижениям современной науки человечество может успешно бороться как с болезнями и вредителями растений так и с сорняками. Необходимым условием успешной борьбы является международное сотрудничество в данной области между отдельными государствами. Это может быть достигнуто только путем международного обмена мнениями и опытом в мировом масштабе. Сотрудничество именно в области защиты растений послужит основой мероприятий, направленных к достижению всеобщего мира. Автор питает надежду, что издаваемый им словарь поможет осуществлению взаимопонимания в области науки.

С другой стороны автору ясно, что приводимые в словаре 500 названий вредителей и болезней растений а также сорняков, нуждаются в дополнениях. Поэтому он обращается с просьбой не только к кругам ученых, но также экономистов и практиков указать на недочеты и желательные дополнения.

Всем сотрудникам, помогавшим автору в составлении данного труда, он выражает свою глубокую признательность.

Вена, в ноябре 1963 г.   Др. и маг. Рихард Квизда

INHALTSVERZEICHNIS

	Seite
Vorwort zur 4. Auflage	5
Inhaltsverzeichnis	9
Anmerkungen zu den russischen Übersetzungen	10
Internationale Zusammenarbeit im Pflanzenschutz	11
International Cooperation for Plant Protection	13
Collaboration internationale dans le domaine de la protection des végétaux	15
Международное сотрудничество в области защиты растений	17
Die Frage der Nomenklatur im Pflanzenschutz	19
The Problem of Nomenclature in Plant Protection	21
Le problème de la nomenclature sur le plan de la protection des végétaux	23
Вопрос номенклатуры в области защиты растений	25
Die Koordinierung des Pflanzenschutzes in Europa	27
Co-Ordinating Plant Protection in Europe	29
La coordination de la protection des végétaux en Europe	31
Координация защиты растений в Европе	33
Register der wichtigsten Pflanzenschädlinge, Pflanzenkrankheiten und Unkräuter	35

Feld- und Gemüsebau

Tierische Schädlinge	36
Krankheiten	42

Obstbau

Tierische Schädlinge	48
Krankheiten	56

Weinbau

Tierische Schädlinge	60
Krankheiten	62

Ackerunkräuter . . . 64

Forst

Tierische Schädlinge	72
Krankheiten	80

Vorratsschädlinge . . . 82

Holzparasiten . . . 84

Deutsches Sachwortverzeichnis	91
Index rerum latinus	95
Dansk sagregister	99
English subject index	102
Index alphabétique français	106
Indice terminologico italiano	110
Nederlandse inhaldsopgave	114
Алфавитный предметный указатель	117
Svenskt sakregister	121
Indice alfabético español	124
Literaturhinweis	128

Anmerkungen zu den russischen Übersetzungen

Das Verzeichnis der Gattungsnamen für Schädlinge und Krankheiten wurde von Experten des sowjetischen Instituts für Pflanzenschutz und des Zoologischen Instituts der Akademie der Wissenschaften der UdSSR überprüft. Dabei wurde auf eine Reihe von Besonderheiten hingewiesen.

Das Verzeichnis enthält eine Reihe von Bezeichnungen für Gattungen, für die in der Sowjetunion eine andere Bezeichnung üblich ist, so z. B. Dasyneura statt Perrisia (Nr. 34), Yezabura statt Dysaphis (Nr. 132), Cheimatobia statt Operophtera (Nr. 152), Euproctis statt Nygmia (Nr. 154), Doralis statt Aphis (Nr.16), Anuraphis statt Brachicaudus (Nr. 180), Myzus statt Myzodes (Nr. 181) und Tropinota statt Epicometis (Nr. 190).

Nach der im sowjetischen Standardwerk „Die Flora der UdSSR" üblichen Systematik wurde die unter Nr. 315 angeführte Pflanze Sisymbrium sophia in Descurainia sophia umbenannt, was der russischen Bezeichnung Дескурения софия entspricht. Statt der unter Nr. 330 angeführten Agrostis spica venti, die im vorgenannten Werk nicht aufscheint, gibt es die Bezeichnung Apera spicaventi, was der russischen Bezeichnung Метлица обыкновенная entspricht. In der gegenwärtig vom Zoologischen Institut der Akademie der Wissenschaften der UdSSR vorgenommenen Systematik scheinen die Arten Arvicola arvalis und Arvicola agrestis (Nr. 443) nicht auf. Es werden aber die Arten Microtus arvalis Pall. (russische Bezeichnung обыкновенная полевка, die in unserem Verzeichnis unter Nr. 11 angeführt ist) und Microtus agrestis L. (russ. тёмная полевка) angeführt. Von der Gattung Arvicola wird bloß Arvicola terrestris L. (russ. водяная крыса oder водяная полевка) angeführt, die in unserem Verzeichnis unter Nr. 205 aufscheint.

Internationale Zusammenarbeit im Pflanzenschutz

Vortrag gehalten bei der CEA Tagung und dem CITA Kongreß in Wien
(15.—20. September 1958) *

von

Dr. et Mr. Richard K W I Z D A

Die Geschichte lehrt, daß der Ansturm von Feinden jene, die an deren Abwehr interessiert sind, zum Abwehrkampf einigt. Ebenso ist auch die Gefahr der Schädlinge und Pflanzenkrankheiten nur durch die vereinte Kraft aller Betroffenen zu bannen. Es ist kein Zufall, daß gerade im Pflanzenschutz die internationale Zusammenarbeit besonders gepflegt wird, handelt es sich doch um die Aufgabe, Schadensfaktoren zu eliminieren, deren Lebensräume nicht nur Länder-, sondern sogar Kontinentgrenzen überschreiten. Die Abwehrmaßnahmen müssen daher großräumig organisiert werden. Jedes Land muß nicht nur für das Funktionieren des eigenen Pflanzenschutzes sorgen, sondern hat auch an der erfolgreichen Schädlingsbekämpfung in anderen, insbesondere Nachbarländern, eminentes Interesse.

In Berücksichtigung dieser Tatsache haben sich die europäischen Länder schon nach dem letzten Weltkrieg zu einer internationalen Zusammenarbeit zusammengetan, die zunächst das damals besonders aktuelle Problem der Kartoffelkäferbekämpfung betraf. Im Jahre 1951 wurde dann ein Abkommen zur Errichtung der Pflanzenschutzorganisation für Europa und den Mittelmeerraum, also eine Europäische Pflanzenschutzkonvention geschaffen, zum Zwecke der internationalen Zusammenarbeit zur Verhütung der Einschleppung und Verbreitung von Schädlingen und Krankheiten von Pflanzen und Pflanzenerzeugnissen. Im gleichen Jahre wurde seitens der FAO in Rom eine Internationale Pflanzenschutzkonvention mit der gleichen Zielsetzung ins Leben gerufen.

Bilden diese beiden Konventionen den notwendigen organisatorischen und rechtlichen Rahmen für Vereinbarungen und internationale Aktionen, so vollzieht sich die internationale Zusammenarbeit selbstverständlich auf mannigfaltigsten Wegen von Land zu Land, von Institut zu Institut und nicht zuletzt von Forscher zu Forscher. Der Erfolg dieser internationalen Zusammenarbeit auf einem so wichtigen Gebiete wird durch nichts besser erhärtet als durch die Tatsache, daß z. B. Europa trotz Einschleppung gefährlicher Schädlinge und Pflanzenkrankheiten während der letzten zwei Jahrzehnte von Schädlingskalamitäten katastrophalen Ausmaßes im allgemeinen verschont geblieben ist und daß es gelungen ist, neu eingeschleppte Schädlinge und Krankheiten, wie den Weißen Bärenspinner, den Zwergsteinbrand des Weizens, zu unterdrücken und größere Einbußen hintanzuhalten. An dem Beispiele unseres eigenen Heimatlandes Österreich kann aber auch aus der unmittelbaren Tatsache, daß trotz des Auftretens des Kartoffelkäfers, welches insbesondere in Niederösterreich mit den Anzeichen einer werdenden Katastrophe in Erscheinung trat, dank den Großbekämpfungsmaßnahmen im Jahre 1957 dennoch eine Rekordernte an Kartoffeln in Österreich erzielt werden konnte, wobei den Bekämpfungsstationen des Verbandes ländlicher Genossenschaften der Hauptanteil an diesem Erfolg zu danken ist.

Ein Problem, das nicht nur für die Landwirtschaften, sondern auch für den internationalen Handel von größter Bedeutung ist, stellt die sog. Pflanzenquarantäne dar, unter der wir alle Vorkehrungen zu verstehen haben, die Einschleppung oder Verbreitung gefährlicher Pflanzenschädlinge und -krankheiten zu verhüten. Pflanzenverkehrsgesetze bzw. -Verordnungen regeln den internationalen Pflanzenverkehr und schreiben die Maßnahmen, wie phytosanitäre Kontrolle, Entseuchung usw. vor, die im Falle der Ein- und Ausfuhr pflanzlicher Erzeugnisse durchzuführen sind. Es wird schon jetzt zu bedenken sein, welche Auswirkungen der europäische Markt bzw. die europäische Freihandelszone auf die Quarantänevorkehrungen haben wird, die bisher mit der Zollbehandlung verknüpft waren. Fällt diese aus, so muß ein neuer Weg gesucht werden, die notwendige Pflanzenquarantäne zu sichern.

Eine sehr wichtige Frage im Rahmen der internationalen Zusammenarbeit ist die Sicherung des Gedankenaustausches auf möglichst rationelle Weise, wobei die Nomenklaturfragen eine besondere Beachtung verdienen. Für die Chemiker ist es die Formelsprache, welche die internationale Verständigung sichert; auf den anderen Gebieten der Naturwissenschaften bedienen wir uns der lateinischen Terminologie, diese Zielsetzung zu verfolgen; auch in der Phytopathologie ist dies der Fall. Trotzdem gibt es hier noch große Schwierigkeiten, da es unvermeidlich erscheint, sich auch bestimmter Vulgärbezeichnungen (Trivialnamen) für Schädlinge und Pflanzenkrankheiten zu bedienen, die in den einzelnen Ländern üblich sind und sehr häufig

---

*) CEA = Confédération Européenne de l'Agriculture
CITA = Confédération Internationale des Ingénieurs et Techniciens de l'Agriculture

gegenüber den lateinischen Bezeichnungen bevorzugt werden, wobei ich bezüglich letzterer die Schwierigkeiten gar nicht in Betracht ziehen möchte, die sich aus der Vielzahl der Synonyma ergeben, eine Tatsache, die insbesondere für die Entomologie zutrifft.

Vor allem besteht das Bedürfnis nach einem Wörterbuch, in dem die in den einzelnen Ländern gebräuchlichen Vulgärnamen den lateinischen Bezeichnungen gegenübergestellt sind. Eine solche Zusammenstellung soll die Nutzung der vielfältigen internationalen Literatur in allen Ländern ermöglichen und Klarheit schaffen über die Natur der Organismen, wenn diese mit landeseigenen Trivialnamen angesprochen werden.

Von diesen Gedanken ließ ich mich leiten, als ich schon im Jahre 1952 mit der Bearbeitung dieser Aufgabe begonnen habe. Durch Gedankenaustausch mit maßgebenden Wissenschaftlern des Auslandes gelang es mir, das damals begonnene Werk fortzusetzen und auszubauen. Trotzdem bin ich mir bewußt, daß diese Arbeit weiterer Verbesserungen und Ergänzungen bedarf. Es ergeht daher an alle Fachgenossen die Bitte, Fehler und Lücken aufzuzeigen und solcherart mitzuhelfen, dem gestarteten Versuch zum Erfolg zu verhelfen.

Bezüglich der Anlage des Wörterbuches ist zu sagen, daß eine Einteilung nach folgenden Gruppen gewählt wurde: Feld- und Gemüsebau, Obstbau, Weinbau, Ackerunkräuter, Forst, Vorratsschädlinge, Holzparasiten. Die einzelnen Gruppen wurden, soweit erforderlich, nach tierischen Schädlingen und Krankheiten weiter unterteilt. Diese Einteilung hat gegenüber anderen den Vorteil, daß die Vielfalt der Schadensursachen in einzelne Sachgruppen aufgeteilt und daher ein leichteres Auffinden des jeweiligen Schädlings ermöglicht ist.

Die Krankheiten, Schädlinge und Unkräuter wurden in zehn verschiedenen Sprachen, und zwar deutsch, lateinisch, dänisch, englisch, französisch, italienisch, holländisch, russisch, schwedisch und spanisch angeführt, soweit sie in dem betreffenden Lande vorkommen. Insgesamt wurden in 7 Gruppen 507 Schädlinge berücksichtigt. Hierbei wurde Bedacht genommen, daß vor allem die wichtigsten genannt wurden.

Der vorliegende Vorschlag ist selbstverständlich nur ein kleiner Beitrag zum großen Gedanken der internationalen Zusammenarbeit auf dem Gebiete des Pflanzenschutzes, die ein dringendes Gebot der Stunde ist. Wir leben in einer Zeitperiode der Massenvermehrung der Menschheit. Zudem ist das durchschnittliche Lebensalter des Menschen dank und — man muß aber auch sagen — zum Teile trotz der Zivilisation wesentlich gestiegen. Die Erdbevölkerung wird in wenigen Jahrzehnten nicht wie heute 2½, sondern 3½ Milliarden betragen und zu ihrer Ernährung 3½ Milliarden Hektar Kulturfläche benötigen. Es wird ungeheurer Anstrengungen bedürfen, die notwendigen Kulturflächen zur Sicherung der Ernährung der wachsenden Bevölkerung zu beschaffen; in wenigen Jahrzehnten werden die Grenzen, die der Vermehrung der Kulturflächen gezogen sind, erreicht sein. Es kommt daher allen Maßnahmen zur Steigerung der Bodenerträge größte Dringlichkeit zu. Dazu zählt z. B. die Züchtung leistungsfähigerer Pflanzensorten, die Verbesserung der Pflanzenernährung vor allem mit Hilfe von Mineraldüngern, die Vervollkommnung der Kulturmethoden, insbesondere eine biologisch richtige Bodenpflege. Aber auch diesbezüglich sind die Möglichkeiten nicht unbegrenzt.

Eine verhältnismäßig große Produktionsreserve liegt aber noch in der Mobilisierung der infolge Einwirkung biotischer Faktoren ungeernteten gebliebenen Früchte. Tierische Schädlinge, Krankheitserreger und Unkräuter schmälern die Erträge der Bodennutzung in einem Maße, das heute nicht mehr hingenommen werden darf. Die Auswirkungen von Schädlingen, Krankheiten und Unkräutern entsprechen z. B. in den USA, wo bekanntlich der Pflanzenschutz auf hoher Stufe steht, einem Verlust von 20 % der kultivierten Fläche, das sind allein 30 Millionen Hektar Ackerland oder Land zur Ernährung von 30 Millionen Menschen ausreichend.

Eine Minderung der Ernteverluste ist unerläßlich, und die internationale Zusammenarbeit im Pflanzenschutz nach dem Grundsatz

„Viribus unitis",

der auch ein alter österreichischer Leitspruch ist, wird zu den Wegen führen, die wir zur Erreichung dieses Zieles beschreiten müssen.

International Cooperation for Plant Protection

Dr. et Mr. Richard K W I Z D A

Lecture delivered at the CEA and CITA Meeting in Vienna
(September 15—20, 1958) *

History teaches us that the onslaught of the enemy unites those who are in need of defending themselves. Only by united efforts of all concerned may plant pests and diseases be controlled. It is not by chance therefore that international cooperation is widespread in the field of plant protection, all the more so since the task also involves the elimination of complex organisms which do not stop at national borders, nor even continents. Counter-measures have therefore to be organized embracing vast areas. So we can see that each country is not only obliged to look after the functioning of its own plant protection measures, but must have a vital interest in successful counter-measures against pests and diseases in other countries, particularly in neighbouring countries.

Taking this fact into account the countries of Europe had already united for international cooperation after the last World War. First they dealt with the particularly pressing problem of measures against Colorado beetle infiltration. In 1951, an agreement was made for the initiation of a Plant Protection Association for Europe and the Mediterranean area, called European Plant Protection Convention. This was definitely set up for the purpose of international cooperation to prevent the infiltration and the spread of plant pests and diseases through plants themselves and vegetable products. In the same year, an International Plant Protection Convention, promoting the same aims, was initiated by FAO in Rome.

Within the necessary legal framework of agreements and international action, formed by these two conventions, international cooperation made use of various means of contact from country to country, from institute to institute, and last not least, from research expert to research expert. The success of international cooperation in this so important field is proved by the fact that despite the introduction of dangerous pests and plant diseases during the last two decades Europe remained immune from pest catastrophes and suppressed recent pests and diseases, such as the Fall webworm and the Bunt of Wheat, thereby preventing great losses. For example in my own country, despite of the large-scale appearance in Lower Austria of the Colorado beetle which has nearly caused a catastrophe, the individual stations of the Association of Rural Cooperatives, by their large-scale measures, were able to achieve a result: namely Austria's 1957 bumber potato harvest.

A problem of prime importance, for agriculture and also for international trade, is posed by the so-called plant quarantine. We understand by that all the measures designed to prevent the importation and spread of dangerous plant pests and diseases. International traffic in plants is regulated by plant traffic laws and decrees fixing the measures to be taken and observed in the cases of import and export of plant products, such as phytosanitary control, anti-epidemic measures, etc. At this point one should take into consideration the effect of the Common Market and of the European Free-Trade Association respectively, on the hitherto accepted quarantine measures, connected as they are with customs controls. Should these be abolished, a new way must be found to make sure of the necessary plant quarantine.

An important problem to be dealt with within the frame of international cooperation is that of a rational method of exchanging ideas, special importance being attached to the question of nomenclature. The language of formulae secures international understanding for the chemist. In other scientific fields we use Latin terminology to further our aims; this is also the case in phytopathology. Nevertheless we are still faced with great difficulties in this field, since commonly adopted expressions for pests and plant diseases are unavoidable. These trivial names are habitually used in various countries and are often preferred to the Latin words: I refrain from mentioning the difficulties arising from the use of multitudes of synonyms, particulary in the field of entomology.

Firstly, there is need of a dictionary, in which the colloquial expressions used in the various

---

*) CEA = Confédération Européenne de l'Agriculture
   CITA = Confédération Internationale des Ingénieurs et Techniciens de l'Agriculture

countries are matched with the Latin scientific terms. Such a compilation would aid the multifarious international literature published in various countries and would enable the reader to understand the nature of organisms, referred to by their local names.

These were the ideas guiding me, when I started work on this task in 1952. Exchanging ideas with wellknown foreign scientists, I was able to continue the work started then, and to extend it. Nevertheless I am well aware that this work needs further improvement and addenda. All members of the trade are therefore asked to look for mistakes and omissions and thus to aid the experiment on its way to a successful conclusion.

The following may be noted concerning the lay-out of the dictionary:

Classification was chosen according to the following groups: agriculture and vegetable farming, arboriculture, viticulture, field weeds, forestry, storage pests, wood parasites.

As far as necessary, the different groups were subdivided further into animal pests and plant diseases. This classification has the advantage, as compared with others, that the causes of damage are split up into single sections. This makes it easier to find the parasite in question.

Wherever possible, diseases, pests and weeds are given in ten different languages, i. e. German, Latin, Danish, English, French, Italian, Dutch, Russian, Swedish and Spanish, as they are known in the country referred to. In 7 groups, a total of 507 parasites was referred to. Care has been taken to mention those of greatest importance.

The present proposal before you is of course only a small contribution to the great idea of **international cooperation** in the field of **plant protection**, which may well be said to be **the most urgent demand** today. We live in a period in which mankind is growing fast. Furthermore, the average expectation of life has risen, thanks to, or (as we might also reasonably say) despite, the degree of civilization reached. Within a few decades the population of the world will not number 2½ billion people as it does today, but more likely 3½ billion and will need 3½ billion hectares arable land to feed it. Immense efforts will be necessary to cultivate the arable area needed for the food required by this growing population. Within a few decades, the arable land provided by nature will have reached its limits. Therefore, all measures for the increase of soil yields are of the greatest urgency. Amongst these may be counted the cultivating of more productive types of plants: the improvement of plant nutrition, above all by mineral fertilizers, and the perfection of agricultural methods, particularly by biologically correct methods of soil treatment. But in this respect, too, we must remember that he possibilities are not unlimited.

Quite a large production reserve may be **saved**, however, by the development of **crops as yet unharvested** because of the influence of biotic factors. Animal pests, bacteria and weeds still cut down soil yields to an extent which is unjustified. For instance, in the United States, with their high degree of plant protection measures, the result of the action of pests, diseases and weeds is equal to a loss of approx. 20 % of the cultivated area, which is equal to about 30 million hectares arable land or soil, sufficient to provide for the nutrition of 30 million people.

A reduction of these soil yield losses is absolutely necessary. International cooperation for plant protection according to the principle of
"Viribus unitis",

which is also an old Austrian saying, will show us the way to be followed for the successful fulfilment of our aims.

Collaboration internationale dans le domaine de la protection des végétaux

par

Dr. et Mr. Richard K W I Z D A

Rapport fait à l'occasion du Congrès de la CEA et CITA à Vienne
(du 15 au 20 septembre 1958) *

L'histoire nous apprend que rien ne réalise mieux l'union que le danger commun. Celui que présentent les parasites et les maladies des plantes ne peut être écarté que par la coordination des forces de tous ceux qu'il menace. Ce n'est pas par hasard que dans le domaine de la protection des végétaux la collaboration internationale est particulièrement nécessaire, car il s'agit de lutter contre des ennemis dont les zones d'action franchissent aussi bien les frontières nationales que les frontières continentales. Les mesures de défense doivent donc être organisées sur une grande échelle et chaque pays doit d'autant plus prendre soin de son système de protection des végétaux qu'il est intéressé à ce que la lutte contre les parasites soit couronnée de succès dans tous les autres pays limitrophes.

En considération de ces faits, les pays européens se sont unis dès la fin de la dernière guerre mondiale pour une collaboration qui avait comme premier but la solution du le problème immédiat de la lutte contre le doryphore. En 1951 on a créé une Convention européenne pour la protection des végétaux dont l'action s'étendait à l'organisation de la lutte contre les parasites en Europe et dans les pays méditerranéens, et qui a introduit ainsi la collaboration internationale dans ce domaine. La même année, sous l'influence de la FAO, on a créé à Rome une Convention internationale pour la protection des végétaux.

Ces deux organisations forment le cadre légal nécessaire à la mise en oeuvre des conventions et actions internationales. Mais la collaboration internationale est réalisée différemment de pays à pays, d'Institut à Institut et surtout de chercheur à chercheur. Le succès de cette collaboration internationale sur un territoire important ne peut être mieux illustré que par l'exemple de l'Europe, qui fut au cours des deux derniers siècles malgré l'apparition de dangereux parasites, malgré l'apparition de maladies de plantes, en grande partie épargnée de dégâts catastrophiques causés par des parasites. La supression de parasites comme Ecaille fileuse ou de maladies comme la carie du blé est également un succès imputable à cette collaboration. On peut aussi citer comme exemple notre pays l'Autriche, qui, malgré une invisnon de doryphore qui menaçait de prendre des proportions catastrophiques, obtint en 1957 une récolte record de pommes de terre, grâce surtout aux mesures efficaces de lutte prises par les stations des Coopérative agricole.

Un problème non moins important pour l'agriculture et le commerce international est la quarantaine des plantes, expression qui englobe l'ensemble des dispositions prises pour éviter l'introduction et la propagation de parasites et de maladies les plus dangereux. Des lois règlent les transports des plantes, des décrets prescrivent des mesures comme la lutte phytosanitaire, la lutte contre les maladies, etc. ... mesures que l'on doit prendre lors de l'importation ou de l'exportation des plantes. Il faut penser dès maintenant aux effets possibles du marché européen ou de la zone de libre échange sur ces dispositions de quarantaine mises en oeuvre jusqu'à présent par l'intermédiaire des douanes. Si l'on supprime les barrières douanières, il faut chercher un nouveau moyen d'assurer la quarantaine des plantes.

La coopération internationale pose l'importante question de la garantie des échanges d'idées par des moyens aussi rationnels que possible, et souligne le problème particulier de la nomenclature. Pour le chimiste, le langage des formules garantit cette compréhension internationale, pour d'autres disciplines des sciences naturelles, c'est la terminologie latine qui est utilisée. C'est le cas aussi dans le domaine de la phytopathologie. Néanmoins nous rencontrons encore de grandes difficultés sur ce plan, car pour désigner des parasites et des maladies de plantes, il semble inévitable de se servir également de certains termes vulgaires (noms triviaux), en usage dans certains pays et bien souvent préférés aux termes latins. Même pour ces derniers, je ne voudrais pas manquer de souligner les difficultés résultant du grand nombre de synonymes, fait valable surtout en entomologie.

Il est nécessaire d'utiliser un dictionnaire opposant les termes vulgaires utilisés dans les

---

*) CEA = Confédération Européenne de l'Agriculture
CITA = Confédération Internationale des Ingénieurs et Techniciens de l'Agriculture

différents pays, aux termes latins. Ce dictionnaire permet d'utiliser dans tous les pays la vaste littérature internationale existante, et de déterminer clairement la nature des organismes vivants, désignés par des termes régionaux.

C'est en partant de ces considérations que j'ai commencé à me vouer à cette tâche en 1952. J'ai réussi à continuer et à developper le travail entrepris grâce à des échanges d'idées avec des hommes de sciences compétents. Cependant je n'ignore pas que mon travail exige encore des améliorations et des compléments. J'invite donc tous mes confrères à m'indiquer les erreurs et lacunes qu'il pourrait comporter, et à coopérer ainsi au succès du travail entrepris.

Permettez-moi de faire les remarques suivantes sur la manière dont est présenté ce dictionnaire:

J'ai choisi le classement d'après les groupes suivants: agriculture et culture maraîchère, arboriculture fruitière, viticulture, plantes adventices (mauvaises herbes), sylviculture, parasites des denrées alimentaires, parasites du bois. Chaque fois que cela était nécessaire, les différents groupes ont été subdivisés suivant les parasites animaux et les maladies. Ce classement présente par rapport à d'autres systèmes l'avantage de répartir les causes multiples de dommages en des groupes classés suivant un plan permettant de trouver plus facilement les parasites qui sont d'intérêt dans un cas donné.

Les maladies, parasites et mauvaises herbes ont été indiqués en dix langues différentes: allemand, latin, danois, anglais, français, italien, hollandais, russe, suèdois et espagnol, pour autant qu'ils existent dans les pays intéressés. Au total, 507 parasites ont été indiqués dans 7 groupes. J'ai pris soin de mentionner avant tout les plus importants.

Cet ouvrage ne constitue évidemment qu'un apport de peu d'importance à la grande idée de Coopération internationale dans la protection des plantes, qui est des plus nécessaires. Nous vivons une période d'accroissement rapide de l'humanité. De plus, la durée moyenne de la vie humaine a considérablement augmenté, grâce à la civilisation, et aussi, malgré elle, nous sommes bien obligés de l'avouer. Dans quelques dizaines d'années la population du globe s'élèvera, non plus à 2 milliards et demi d'habitants comme à l'heure actuelle, mais à 3 milliards et demi, et exigera 3 milliards et demi d'hectares cultivés pour subvenir à sa nourriture.

Des efforts immenses seront nécessaires pour assurer les terrains de culture indispensables à la nourriture des populations en constant accroissement, et ce dans quelques dizaines d'années, car à ce moment, les limites des surfaces cultivables seront effectivement atteintes. Toute mesure tendant à l'augmentation du rendement du sol présente un caractère d'extrême urgence. Citons parmi ces mesures la culture de variétés à grand rendement, l'amélioration de la nourriture des plantes, surtout par les engrais minéraux, l'amélioration des méthodes de culture, en particulier par un travail du sol étudié du point de vue biologique. Cependant, sur ce point également, les possibilités ne sont pas illimitées.

Or la récupération des fruits non récoltés à la suite des effets de facteurs d'ordre biologique constitue une réserve de production assez considérable. Des parasites animaux, des germes de maladies, des plantes nuisibles diminuent actuellement le rendement du sol dans des proportions que l'on ne saurait supporter plus longtemps. Par l'effet des parasites, des maladies et des plantes nuisibles 20% de la récolte sont détruit aux Etats-Unis, où, comme chacun le sait, la protection de la plante atteint un niveau très élevé. Cela représente la production de 30 millions d'hectares de sol arable, soit une surface qui pourrait nourrir 30 millions de personnes.

Il est indispensable de réduire les pertes des récoltes, et c'est la coopération internationale pour la protection de la plante qui nous aidera à trouver le moyen d'atteindre le but que nous nous sommes fixé, en appliquant la vieille devise autrichienne:

„Viribus unitis"

(= L'union fait la force)

Международное сотрудничество в области защиты растений

Др. и маг. Рихард Квизда

(Доклад, прочитанный на съезде CEA и CITA в г. Вене 15 — 20 сентября 1958 г.*)

История учит, что вторжение врага всегда ведет к сплочению оборонительных сил страны. Только за счет общих усилий стран, которым угрожает занос или вторжение вредителей и болезней растений, удается предупредить эту опасность. Именно в области защиты растений сотрудничество между различными странами не случайно, ибо вредители сельскохозяйственных культур не останавливаются перед границами государств или даже материков. Отсюда вытекает необходимость общих и одновременных мер борьбы на обширных территориях, причем каждая страна должна стремиться организовать активную защиту растений не только у себя, но также проявить интерес к подобной защите растений в других, и особенно соседних странах.

Вскоре после второй мировой войны европейские государства, учитывая эти факты, объединились в целях борьбы с колорадским картофельным жуком, которая была в то время особо срочной. Впоследствии, в 1951 г. было подписано соглашение, предусматривающее создание организации защиты растений в Европе и средиземноморских странах, а именно европейская конвенция защиты растений. Эта организация имеет целью предупреждать занос и распространение болезней и вредителей растений, а также вредителей растительных продуктов. В том же году организацией ФАО**) в Риме была предложена международная конвенция защиты растений в мировом масштабе, преследующая те-же цели.

Оба указанные соглашения создают необходимые организационные и юридические предпосылки для заключения международных соглашений и для практических мероприятий; международное же сотрудничество осуществляется многими другими путями, а именно путем контакта между отдельными странами, между их научными институтами и не менее интенсивно путем связи между исследователями. Значение этого сотрудничества в столь важной области подтверждается, например, фактом, что в течение двух последних десятилетий удалось общими усилиями защитить Европейский континент от серьезных бедствий, несмотря на занос опасных вредителей извне (американская белая бабочка-медведица, колорадский картофельный жук, карликовая головня пшеницы и др.). Этих вредителей удалось подавить. На примере Австрии можно убедиться, что благодаря мероприятиям в широком масштабе (проводимых прежде всего станциями борьбы союза сельскохозяйственных кооперативов) в Нижней Австрии был собран в 1957 г. урожай картофеля рекордной высоты, несмотря на опасное появление колорадского картофельного жука.

Вопрос т. наз. карантинных мероприятий имеет большое значение не только для практики сельского хозяйства, но и для международной торговли. Под этим названием понимается совокупность мероприятий, направленных против заноса, акклиматизации и распространения опасных болезней и вредителей растений. Существующие законы и постановления отдельных государств, регулирующие транспорт растений, предусматривают такие мероприятия, как например фитосанитарный контроль, дезинфекцию, дезинсекцию и пр. на границах. Ввиду предстоящей ликвидации таможенных границ между европейскими государствами в рамках европейского свободного рынка, следовало бы уже в настоящее время подумать о последствиях нового положения, так как карантинные мероприятия осуществляются при таможенном осмотре. В случае ликвидации последнего необходимо искать новых путей осуществления карантина растительного материала.

Обмен мнениями в рамках международного сотрудничества может быть обеспечен в наиболее рациональной форме только при разрешении вопроса номенклатуры. Например химики разных национальностей могут понимать друг друга, пользуясь химическими формулами. В других отраслях естествознания взаимопонимание обеспечивается при помощи латинских названий. В обиходе защиты растений мы пользуемся также латинскими названиями. Однако в этой области встречается много затруднений, вызванных необходимостью пользоваться также ненаучными названиями болезней и вредителей растений на языке данной страны. Широкие круги практиков охотнее пользуются названиями на родном языке, чем латинскими. Автор обходит здесь молчанием трудности, создаваемые обилием синонимов на латинском языке, особенно в области энтомологии. По этим соображениям автору кажется необходимым составить словарь, в котором наряду с латинскими названиями была бы приведена номенклатура популярных названий вредителей и болезней растений на разных языках. Такого рода пособие облегчит, без сомнения, использование иностранной литературы работникам всех стран и позволит с предельной ясностью идентифицировать изучаемые объекты.

---

*) См. сноску на стр. 11]
**) Организация Объединенных Наций по продовольствию и земледелию, г. Рим.

Автор руководствовался этой мыслью еще в 1952 г., когда он начал заниматься данным вопросом. В результате обмена мнениями с выдающимися зарубежными специалистами удалось не только продолжить, но и расширить начатый в свое время труд. Несмотря на это автору ясно, что этот труд нуждается еще во многих поправках и дополнениях. Поэтому он будет признателен всем коллегам за указания на пробелы и неточности, вкравшиеся в текст. Это позволит успешно закончить начатый труд.

Материал словаря подразделен на следующие группы: полеводство и культура овощей, плодоводство, виноградарство, сорные травы (сорняки), лес, вредители сельскохозяйственных складов и запасов и, наконец, вредители древесины. Там, где это казалось целесообразным, автор подразделил эти группы на вредителей и на болезни. Это позволяет объединить данный материал по тематическому признаку и таким образом легче отыскать данного вредителя или болезнь среди столь обширного материала.

Названия болезней и вредителей растений, а также сорняков, приведены (поскольку они встречаются в данной стране) на 10 языках: немецком, латинском, датском, английском, французском, итальянском, голландском, русском, шведском и испанском. В целом 7 групп охватывает более 500 главнейших вредителей.

Само собой понятно, что предлагаемый труд сможет внести лишь скромный вклад в великое дело международного сотрудничества в области защиты растений, которое является в настоящий момент неотложной задачей. Мы живем в эпоху быстрого прироста населения земного шара. К тому же продолжительность жизни человека сильно возросла, отчасти вследствие, отчасти вопреки условиям цивилизации. Через несколько десятков лет население земли возрастет с 2·5 до 3·5 мрд. человек, для прокормления которых потребуется 3·5 мрд. гектаров сельскохозяйственных земель. Только путем огромных усилий удастся освоить новые целинные земли, необходимые для пропитания этих человеческих масс, однако предел освоения новых земель будет вскоре достигнут. Поэтому необходимо уделить особое внимание повышению урожайности, а в связи с этим выведению более устойчивых сортов растений, улучшению питания растений, главным образом при помощи минеральных удобрений, усовершенствованию методов культивации и биологически правильному уходу за почвой. Но и здесь возможности ограничены.

Сравнительно большие производственные резервы могут быть мобилизованы путем снижения потерь урожая, причиняемых вредителями и болезнями растений. В настоящее время эти потери урожая с пахотных земель столь высоки, что противодействие им срочно необходимо. Так например, в Соединенных Штатах Северной Америки, где защита растений стоит на высоком уровне, болезни и вредители причиняют убытки, соответствующие урожаю с 20 % всей пахотной земли. Это равно урожаю с 30 млн. гектаров, который мог бы пропитать 30 млн. человек.

Ввиду этого возможно большее снижение потерь урожая является необходимой и срочной задачей. Ее можно успешно разрешить только путем международного сотрудничества, руководствуясь старинным австрийским принципом:

„В единении сила" (Вирибус унитис).

Die Frage der Nomenklatur im Pflanzenschutz

Dr. et Mr. Richard KWIZDA

Vortrag gehalten bei der CEA-Tagung in Venedig
(23.—30. September 1951) *

A) Die internationale Zusammenarbeit im Pflanzenschutz

Auf keinem Gebiet der Landwirtschaft ist der praktische Bedarf für internationale Zusammenarbeit so groß wie im Pflanzenschutz. Klimazonen und nicht Ländergrenzen bestimmen und begrenzen das Auftreten von Pflanzenschädlingen und -krankheiten, sodaß die Staaten eines Kontinents viele gemeinsame Pflanzenschutzprobleme aufweisen. Der Kampf um Raum und Zeit, den die menschliche Zivilisation seit Jahrhunderten führt, gilt auch besonders im Pflanzenschutz; handelt es sich doch hiebei darum, in kürzester Zeit die Organismen des Mikrokosmos durch intensivste Maßnahmen im Makrokosmos möglichst im Keime zu vernichten.

Die Notwendigkeit der Zusammenarbeit ist vor allem durch das vitale Interesse gegeben, das jeder Staat an dem Funktionieren des Pflanzenschutzes in anderen Staaten, insbesondere in den Nachbarländern, hat.

Die Grundlagen für die internationale Zusammenarbeit im Pflanzenschutz sind vorhanden. In Europa ist es die European Plant Protection Organization (EPPO), die die Arbeiten auf diesem Gebiet koordiniert. Darüber hinaus bemüht sich die FAO um die Schaffung einer internationalen Pflanzenschutzkonvention.

B) Die Frage der Nomenklatur im Pflanzenschutz

Meines Wissens wurde aber bisher eine mir wichtig erscheinende Frage noch nicht in Betracht gezogen: Die Frage der Nomenklatur, die für eine fruchtbare Zusammenarbeit von großer Bedeutung ist. Da alle Pflanzenschutzmaßnahmen, wie ausgeführt, über Landesgrenzen hinaus und möglichst synchron durchgeführt werden müssen und da es ferner im Interesse der Arbeitsökonomie zweckmäßig ist, die gegenseitigen Erfahrungen auszutauschen, würden Wissenschaftler und Praktiker, die diese Aufgabe zu bewältigen haben, ähnlich dastehen wie vor mehr als vier Jahrtausenden ihre Vorfahren bei dem Turmbau von Babel, wenn nicht gerade die Wissenschaft die Brücke der lateinischen Bezeichnung in den Naturwissenschaften vorgesehen hätte oder die Chemiker nicht die Einheitlichkeit durch die chemischen Formeln festgelegt hätten. Durch das „Linné"sche System der wissenschaftlichen Namensgebung haben die Tier- und Pflanzenarten wissenschaftliche Namen erhalten. Leider fehlt aber die Stabilität in den wissenschaftlichen Bezeichnungen, da das Prioritätsprinzip Anwendung findet. Das führt dazu, daß immer wieder unnötige Änderungen wissenschaftlicher Namen vorgenommen werden, was der internationalen Verständigung sehr abträglich ist. Noch verworrener ist die Nomenklatur auf bakteriologischem und virologischem Gebiet. Die Behandlung dieser Fragen sei aber den Wissenschaftlern vorbehalten, die bestimmt noch viel darüber diskutieren werden, ehe es zu einer befriedigenden Lösung kommt. Immerhin gibt es aber eine Nomenklatur auf diesem Gebiet, wenn sie auch verbesserungs- und reformbedürftig ist.

Es besteht aber auch ein dringendes Bedürfnis nach einer Verständigung hinsichtlich der Nomenklatur auf praktischem und technischem Gebiete.

Vielfach ist es so, daß wir uns gut zu verständigen vermögen, solange und insoferne wir uns der lateinischen Bezeichnung der Pflanzenschädlinge bedienen können, daß wir aber bei Verwendung von Vulgärnamen, wie sie für unsere praktische Arbeit unerläßlich sind, bestenfalls nur innerhalb unseres Sprachgebietes verstanden werden. Selbst innerhalb einer Sprache variieren die Vulgärbezeichnungen, sodaß es höchst wünschenswert wäre, daß wir für die wichtigen Pflanzenschädlinge und -krankheiten einheitliche Vulgärbezeichnungen in den verschiedenen Sprachen festlegen

*) CEA = Confédération Européenne de l'Agriculture

und diese durch die Brücke der lateinischen Namen eindeutig kennzeichnen. Wer soll sich zurecht finden, wenn z. B. für

        Cirsium arvense = Ackerdistel
           in Amerika: die Bezeichnung **Canada** thistle und
           in England: **Creeping** thistle

verwendet wird.

Für das Unkraut

        Convolvulus arvensis = Ackerwinde

sind Synonyma:

        Wild morning glory und Morning glory,
        Field bindweed, Lesser bind weed, Corn bind weed.

        Panicum miliaceum = Hirse wird
           in Amerika als millet
           in England als Indian millet

bezeichnet.

Es wurde schon wiederholt der Versuch unternommen, diesbezügliche Verzeichnisse der Pflanzenschädlinge auszuarbeiten, doch fehlt es an einer zusammenfassenden, übersichtlichen Darstellung. Darüber hinaus aber erscheint es auch dringend notwendig, für **technische Maßnahmen**, technische Geräte, Behandlungen, Eigenschaften, Behandlungstermine usw. termini technici festzulegen und zu definieren.

Auf dem Gebiete der Kartoffelkäferbekämpfung wurde in letzter Zeit ein solcher Versuch unternommen und es wurden für wichtige biologische und technische Begriffe die Termini in französischer, englischer und deutscher Sprache festgelegt. Wir wissen nun was gemeint ist, wenn wir z. B. folgende Termini verwenden:

Bouillie	Spray fluid	Spritzbrühe
Pulvérisation	Spraying	Spritzen
Poudrage	Dusting	Stäuben
Arrosage	Watering	Gießen
Epandage à sec	Broadcasting	Streuen
Pulvérisation pneumatique (ou atomisation)	Atomisation	Versprühen oder Vernebelung
Teneur de la substance active des spécialités phytosanitaires	Content of the active substance of the pesticide	Wirkstoffgehalt des Pflanzenschutzmittels
Poudre mouillable	Wettable powder	Spritzpulver

Die Erweiterung dieses Vorhabens auf den gesamten Pflanzenschutz wäre sehr wünschenswert.

Es wäre eine dankenswerte Aufgabe der CEA, die beteiligten Fachkreise zu einem Gedankenaustausch über diese Fragen anzuregen.

Ich habe versucht, für die wichtigsten **Pflanzenschädlinge** einen **Diktionär** zusammenzustellen, der die Bezeichnung in lateinischer, deutscher, dänischer, englischer, französischer, italienischer, holländischer, russischer, schwedischer und spanischer Sprache enthält.

Während die Vertreter der Wissenschaft, wie vorausgeführt, sich auf dem Gebiete des Pflanzenschutzes bezüglich der Pflanzenschädlinge jederzeit, wie beispielsweise bei Kongressen oder in den Fachzeitschriften, über die Brücke der lateinischen Nomenklatur der Pflanzenschädlinge bzw. der chemischen Formel verständigen können, ist dies für die praktischen Landwirte nicht oder nur zum Teil möglich. Hier kann ein Diktionär der Pflanzenschädlinge Abhilfe schaffen.

Diese, wohl noch lückenhafte Zusammenstellung steht über Wunsch den einzelnen Mitgliedern der CEA kostenlos zur Verfügung, wobei lediglich die Bitte gilt, daß gerade diese erste Grundlage für die Behandlung der gegenständlichen Frage der Zusammenarbeit aller auf dem Gebiete des Pflanzenschutzes dienen soll und daß Anregungen und Verbesserungsvorschläge eine Fortsetzung und Weiterentwicklung dieser Arbeit ermöglichen.

The Problem of Nomenclature in Plant Protection

Dr. et Mr. Richard K W I Z D A

Lecture delivered at the CEA Meeting in Venice
(September 23—30, 1951) *

A) International Co-operation in Plant Protection

There is no sector within agriculture where the practical need for international co-operation is so great as in plant protection. Climatic zones, and not the frontiers of countries, decide and limit the occurence of plant pests and plant diseases, so that the States of one Continent are concerned with numerous problems of a common nature in the field of plant protection. The struggle to save space and time, which has been one of man's biggest problems for centuries, applies particularly to the question of plant protection. For here we are facing the difficulty of controlling, if possible, within the shortest and earliest time, the various diseases and pests of plants with all the resources available to us.

The necessity for co-operation is based on the fact that every country for its own well-being must be interested in the plant protection of other countries, particularly of neighbouring countries.

The foundations exist for international co-operation in plant protection. In Europe the European Plant Protection Organization (EPPO) co-ordinates the work that is done within its province. FAO also is endeavouring to promote an International Plant Protection Convention.

B) The Problem of Nomenclature in Plant Protection

A question which I consider important for fruitful co-operation and one which, as far as I know, has not been considered, is that of nomenclature. As all plant protection must be carried across frontiers, names should be synchronized. Furthermore, in the interest of the economy and labour involved, it will serve the purpose of exchanging mutual experience.

Because science has provided terms for scientists and technicians through the medium of Latin, the confusion which existed when the tower of Babel was built, is done away with.

Linné's System of scientific nomenclature gave scientific terms to the species of animals and plants. It is to be regretted, however, that the stability of scientific terms is lacking owing to the application of the priority principle. This entails again and again unnecessary changes of scientific names which will prejudice the understanding on the international plane. In the bacteriological and virological sectors the nomenclature is even more confused. However, the treatment of this question may be left to the scientists who will certainly discuss the problem in detail before a satisfactory solution can be found. Nevertheless, there exists in this sector a nomenclature, although it is one that still needs improving and reforming. In regard to the nomenclature there is also an urgent need for an understanding in the practical and technical sectors.

An understanding can be reached if the Latin terms for plant pests are used, but as yet colloquial names must still be used for practical regional work and of course such terms can only be understood within that region. This limits international co-operation. Even within each language many colloquial terms are in use to designate the various pests and diseases. This uniformity of colloquial terms, at least in the most important pests, must be a first step together with the use of the corresponding exact Latin terms, thus avoiding any confusion. Who can possibly cope with the designations when for instance:

    Cirsium arvense
    is termed in the USA   Canada thistle
    and in England   Creeping thistle

---
*) CEA = Confédération Européenne de l'Agriculture

The weed called
> Convolvulus arvensis

has the following synonymous designations
> Wild morning glory and morning glory,
> Field bindweed, Lesser bind weed, Corn bind weed.

> Panicum miliaceum is termed
> in the USA   millet
> and in England Indian millet

Attempts have repeatedly been made to work out such lists of designations for plant pests, and yet a comprehensive survey is still required.

Furthermore it would be desirable also that technical terms be fixed and defined for **technically required Measures**, or special utensils, treatments, properties and special periods for treatments, etc. ...

Regarding the control of the Colorado beetle, such an attempt has been made; recently for important biological and technical notions, the pertinent terms were established in English, French and German. Now we know what is meant when we use, for instance, the following terms:

Bouillie	Spray fluid	Spritzbrühe
Pulvérisation	Spraying	Spritzen
Poudrage	Dusting	Stäuben
Arrosage	Watering	Gießen
Epandage à sec	Broadcasting	Streuen
Pulvérisation pneumatique	Atomisation	Versprühen oder Vernebelung
Teneur de la substance active des spécialités phytosanitaires	Content of the active substance of the pesticide	Wirkstoffgehalt des Pflanzenschutzmittels
Poudre mouillable	Wettable powder	Spritzpulver

It would be desirable if this project could finally cover the entire field of plant protection.

It may be a gratifying task for the CEA to take the initiative and suggest to the qualified professional circles concerned that they exchange their ideas on these problems.

I have attempted to compile for the most important **plant pests a dictionary** giving each term in Latin, German, Danish, English, French, Italian, Dutch, Russian, Swedish and Spanish.

While, as previously explained, scientists in the field of plant protection can always come to an understanding on plant pests, for instance at meetings or in professional journals, via the Latin nomenclature or the chemical formulae, this is not possible for farmers, or only partly possible. Here, a dictionary of the plant pests will readily fill the gap.

This compilation, no matter how deficient, will be placed gratis, on request, at the disposal of the individual members of tthe CEA. It is only hoped that this basic step will serve interested parties in the field of plant protection. Suggestions and proposals for any improvements will be appreciated and will make it possible to continue and develop this endeavour.

Le problème de la nomenclature sur le plan de la protection des végétaux

Dr. Richard KWIZDA

pharmacien diplômé

Rapport fait à l'occasion du Congrès de la CEA à Venise
(du 23—30 septembre 1951) *

A) La coopération internationale sur le plan de la protection des végétaux

Dans aucun domaine de l'agriculture, la coopération internationale n'a une telle importance pratique que sur le plan de la protection des végétaux. En effet, ce sont les zones climatiques et non les frontières des pays qui déterminent et limitent l'existence des parasites et maladies des plantes: Par conséquent les Etats d'un continent se trouvent en face de nombreux problèmes communs relatifs à la protection des végétaux. La lutte pour l'espace et le temps menée par la civilisation depuis des siècles existe également sur le plan de la protection des végétaux, car il s'agit en effet de détruire — si possible — à l'état embryonnaire les organismes du microcosme par des mesures énergiques dans le cadre du macrocosme.

La nécessité de la coopération internationale est soulignée avant tout par l'intérêt vital de chaque Etat au fonctionnement parfait de la protection de la plante dans d'autres Etats, en particulier dans les Etats voisins.

Or, les fondements sur le plan de la protection des végétaux pour la collaboration internationale existent. En Europe, c'est la Organisation Européenne pour la protection des plantes (OEPP) qui coordonne les travaux relatifs. En outre, la FAO s'efforce de réaliser une convention internationale pour la protection de la plante.

B) Le problème de la nomenclature sur le plan de la protection des végétaux

Cependant à mon avis une question d'importance primordiale n'a pas encore été considérée: la question de la nomenclature, d'importance primordiale en vue d'une collaboration internationale efficace. Comme mentionné déjà, les mesures pour la protection de la plante doivent nécessairement s'étendre au delà de toutes les frontières et être appliquées autant que possible en même temps. En outre, l'intérêt de l'économie du travail exige les échanges mutuels des expériences faites. Cependant, hommes de science ou praticiens chargés de ces problèmes se trouveraient dans une situation analogue à celle de leurs ancêtres, lors de la construction de la Tour de Babel, si la science ne prévoyait pas l'intermédiaire des termes latins pour les sciences naturelles ou si les chimistes n'adaptaient pas des formules chimiques uniformes. Grâce au système Linné de terminologie scientifique, les espèces d'animaux et de plantes ont reçu des noms scientifiques. Cependant, il est bien regrettable que ces termes scientifiques ne soient pas constants en raison de l'application du principe d'antériorité. Par conséquent, les termes scientifiques sont — bien inutilement — sans cesse modifiés, ce qui ne contribue point à faciliter la compréhension sur le plan international. La nomenclature en bactériologie et en virologie est encore plus embrouillée. Laissons toutefois aux hommes de science le soin d'élucider ces problèmes qui, bien sûr, seront discutés encore longuement avant de trouver des solutions parfaitement satisfaisantes. Toutefois il existe déjà une nomenclature en cette manière, bien qu'elle exige des modifications et des réformes.

Un besoin urgent d'un arrangement au sujet de la nomenclature existe également sur le plan pratique et technique.

Le plus souvent, nous ne nous entendons parfaitement que tant que nous pouvons nous servir des termes latins pour désigner les parasites des plantes, mais nous sommes tout au plus compris dans notre propre langue, lorsque nous employons les termes du langage courant, indispensables pour notre travail pratique. Or, les termes courants diffèrent souvent dans le cadre de la même langue: en conséquence il serait extrêmement utile de fixer dans les différentes langues

*) CEA = Confédération Européenne de l'Agriculture

des termes uniformes du langage courant pour les parasites et maladies des plantes, les plus importants en les définissant sans équivoque possible, par l'intermédiaire des termes latins. Comment s'y reconnaître par exemple, si

> Cirsium arvense (chardon des champs) se nomme
> en Amérique: C a n a d a thistle, et
> en Angleterre: C r e e p i n g thistle

Pour la mauvaise herbe

> Convolvulus arvensis (liseron des champs)

il existe les synonymes suivants:

> Wild morning glory et Morning glory,
> Field bindweed, Lesser bind weed, Corn bind weed.
>
> Panicum miliaceum (le millet) est appelé
> en Amérique: millet
> et en Angleterre: Indian millet

On a déjà essayé d'établir des listes de noms de parasites des plantes, cependant jusqu'à présent il manque un résumé sommaire.

En outre, il semble indispensable de fixer et de définir les termes techniques pour les m e s u r e s t e c h n i q u e s, l'outillage technique, les traitements, qualités, délais de traitements, etc.

Un pareil essai a été tenté récemment en matière de lutte contre le doryphore, appelé aussi: colorado, et les termes français, anglais et allemands pour certaines notions biologiques et techniques importantes furent fixés. Actuellement, nous savons parfaitement dans quel sens, par exemple, les termes suivants sont employés:

Bouillie	Spray fluid	Spritzbrühe
Pulvérisation	Spraying	Spritzen
Poudrage	Dusting	Stäuben
Arrosage	Watering	Gießen
Epandage à sec	Broadcasting	Streuen
Pulvérisation pneumatique (ou atomisation)	Atomisation	Versprühen oder Vernebelung
Teneur de la substance active des spécialités phytosanitaires	Content of the active substance of the pesticide	Wirkstoffgehalt des Pflanzenschutzmittels
Poudre mouillable	Wettable powder	Spritzpulver

Il serait hautement désirable d'étendre cet essai à la matière entière de la protection des végétaux.

Ce serait en effet une tâche bien méritoire pour la CEA d'inviter les milieux professionnels compétents à un échange d'idées au sujet de ce problème.

J'ai essayé de mettre au point un dictionnaire des parasites des plantes les plus importants, contenant les termes correspondants en latin, allemand, danois, anglais, français, italien, hollandais, russe, suédois et espagnol.

Tandis que les hommes de science sont, comme nous l'avons vu, en tout temps en mesure de se comprendre au sujet des parasites des plantes dans les revues professionnelles ou pendant les congrès, grâce à l'intermédiaire des termes latins et des formules chimiques, cette compréhension est impossible, ou réalisable seulement en partie, pour l'agriculteur.

Un dictionnaire des parasites des plantes pourra lui venir en aide.

Sur demande, cette liste, encore bien incomplète, sera mise gratuitement à la disposition de chaque membre de la CEA. Permettez-moi cependant de formuler un vœu à ce sujet:

Que cette première documentation en vue d'élucider le problème en question puisse contribuer à la coopération internationale sur le plan de la protection des végétaux et que des suggestions et propositions de modifications puissent encourager la continuation et l'évolution du travail entrepris.

Вопрос номенклатуры в области защиты растений

Др. и маг. Рихард КВИЗДА

(Доклад, прочитанный на съезде СЕА в Венеции 23—30 сентября 1951 г.*)

А. Международное сотрудничество в области защиты растений

Ни в одной отрасли сельского хозяйства не ощущается столь острая необходимость практического сотрудничества между специалистами, как в области защиты растений. Появление болезней и вредителей обусловлено климатическими зонами, а не границами государств. Поэтому перед государствами данного материка встает много общих вопросов в области защиты растений. Здесь особенно велика роль борьбы за время и пространство, которую мировая цивилизация ведет уже несколько веков. Здесь речь идет о возможно полном и скорейшем уничтожении организмов микрокосмоса при помощи мероприятий в макрокосмосе.

Необходимость сотрудничества диктуется в первую очередь насущной заинтересованностью каждого государства в бесперебойной работе организации защиты растений в других, особенно же в соседних странах.

Основы международного сотрудничества в области защиты растений уже налицо: в Европе занимается координацией в данной области Европейская организация по защите растений (ЕРРО**). Кроме того ФАО***) ведет работу по созданию международной конвенции по защите растений.

Б. Вопрос номенклатуры в области защиты растений

Поскольку известно автору, до настоящего времени не был учтен один важный вопрос: номенклатуры. Без разрешения его успешное международное сотрудничество недостижимо. Ввиду указанной выше необходимости синхронного проведения защитных мероприятий в различных странах, а также экономии труда и времени, встает вопрос обмена опытом и достижениями. Без введения единообразной номенклатуры можно при этом ожидать лишь одного результата: смешения языков, как при столпотворении вавилонском. К счастью употребляемые в естествознании латинские названия и химические формулы помогают устранить эту опасность. Карл Линней ввел научные названия для видов животных и растений. Но к сожалению эти названия подвергаются частым изменениям в связи с так называемым принципом приоритета (первенства). Это весьма неблагоприятно отзывается на международном взаимопонимании. Номенклатура в области микробиологии и вирусологии еще более запутана. Оставим решение этих вопросов ученым, которые еще долго будут их обсуждать, пока будет достигнут приемлемый результат. Несмотря на это научная номенклатура в области защиты растений все же существует, хотя и нуждается в поправках и реформах.

Не менее важно взаимопонимание в области технической и практической номенклатуры.

Часто случается, что взаимопонимание возможно только при употреблении латинских названий вредителей. Когда же мы пользуемся названиями вредителей на нашем родном языке, что в практике неизбежно, то нас смогут в лучшем случае понять только на территории распространения данного языка. Но даже в пределах этой территории нередко встречаются различные названия для обозначения одного и того же вредителя. Поэтому крайне желательно установить единообразные популярные названия на каждом языке для вредителей и болезней растений. Далее следовало бы сопоставить их с латинскими научными названиями. Кто, например, сумеет разобраться в подобной путанице:

Для обозначения сорняка:

Cirsium arvense = чертополох полевой,

в Америке: Canada thistle,
в Англии: Creeping thistle.

Convolvulus arvensis = вьюнок полевой.

в Америке: Wild morning glory и Morning glory, Field bindweed, Lesser bind weed,
в Англии: Corn bind weed.

Panicum miliaceum = просо

в Америке: millet
в Англии: Indian millet

---

*) См. сноску на сту. 19
**) European Plant Protection Organisation, г. Париж
***) См. сноску на стр. 17

Попытки составить этого рода указатель для обозначения вредителей и болезней растений предпринимались неоднократно, но до сего времени такое пособие не было издано.

Кроме того имеется насущная необходимость выбрать и зафиксировать технические термины по мероприятиям, приборам, инсектофунгисидам итд.

Например в деле борьбы с колорадским картофельным жуком недавно была сделана попытка установить указанные термины на французском, английском и немецком языках

Bouillie	Spray fluid	Spritzbrühe	жидкость для опрыскивания
Pulvérisation	Spraying	Spritzen	опрыскивание
Poudrage	Dusting	Stäuben	опыливание
Arrosage	Watering	Gießen	поливка
Epandage à sec	Broadcasting	Streuen	посыпка
Pulvérisation pneumatique (ou atomisation)	Atomisation	Versprühen oder Vernebeln	распыление
Teneur de la substance active des spécialités phytosanitaires	Content of the active substance of the pesticide	Wirkstoffgehalt des Pflanzenschutzmittels	крепость раствора инсектофунгисида
Poudre mouillable	Wettable powder	Spritzpulver	смачиваемый порошок для опрыскивания

Составление подобного указателя в области всей защиты растений от вредителей было бы также весьма желательно. Автор считает благодарной задачей для CEA провести обмен мнениями среди участников настоящего собрания по данному вопросу. Он сделал попытку составить **словарь главнейших вредителей растений** на следующих языках: немецком, латинском, датском, английском, французском, итальянском, голландском, русском, шведском и испанском.

В то время как представители науки различных стран находят общий язык на съездах и в научной литературе при помощи латинской номенклатуры или химических формул, практик-земледелец в большой степени, а часто и вполне, лишен этой возможности. В этом случае указанный словарь сможет оказать необходимую помощь.

Труд автора, хотя еще и не в окончательной форме, будет бесплатно предоставлен в распоряжение членов CEA. Автор присоединяет к нему пожелание, чтобы труд его послужил основой для обсуждения вопроса о сотрудничестве специалистов в области защиты растений от вредителей и возбудил бы новые предложения и инициативу к дальнейшему улучшению и развитию данного труда.

Die Koordinierung des Pflanzenschutzes in Europa

von

Dr. et Mr. Richard KWIZDA

Vortrag gehalten bei der CEA-Tagung in Straßburg
(25. September bis 2. Oktober 1950) *

A) Allgemeines

Die ökonomische und politische Bedeutung der landwirtschaftlichen Produktion ist heute nicht geringer als in früheren Jahrhunderten und der Ruf „panem et circenses" hat auch heute noch volle Gültigkeit. Die Nöte des letzten Krieges und der Nachkriegsjahre haben uns wieder gezeigt, wie sehr die Existenz Europas auf seiner landwirtschaftlichen Produktion beruht. Daran haben alle Umwälzungen im ganzen Gefüge unserer Zeit, im Wirtschaftsleben, in den Kulturäußerungen und die sonstigen wechselnden Faktoren nichts geändert.

In klarer Erkenntnis der großen wirtschaftlichen Bedeutung der Agrarproduktion wurde die weltumspannende Organisation der FAO gegründet, die sich nicht zuletzt eine Steigerung und Verbesserung der landwirtschaftlichen Erzeugung zum Ziele gesetzt hat. Es überrascht nicht, daß die FAO hierbei einem **Fachgebiet** besondere Aufmerksamkeit schenkt, das **ausschließlich der Sicherung und Steigerung der Ernten in der Landwirtschaft dient, dem Pflanzenschutz**.

Es ist kein Zufall, daß auf dem Gebiete des Pflanzenschutzes seit jeher die internationale Zusammenarbeit besonders intensiv war, denn die leichte Verschleppbarkeit der meist winzigen, oft mikroskopisch kleinen Schädlinge bzw. Krankheitserreger, findet an den politischen Grenzen keine Schranken, so daß nur auf internationaler Ebene wirksame Vorkehrungen zur Eindämmung der durch diese entstehenden Gefahren getroffen werden können.

B) Rückblick in die Vergangenheit und derzeitiger Stand

Rückblickend ist festzustellen, daß die Grundlagen zu einer internationalen Zusammenarbeit schon lange vor dem zweiten Weltkrieg mit der **internationalen Pflanzenschutzkonvention, Rom 1929**, geschaffen wurden, die jedoch infolge der politischen Verhältnisse der darauffolgenden Jahre nicht voll zur Wirksamkeit kam.

Nach dem Kriege ist wohl ein reger internationaler Gedankenaustausch auf dem Gebiete des Pflanzenschutzes wahrzunehmen, doch konnte dieser bisher noch nicht auf einen gemeinsamen Nenner gebracht werden. Er ist in verschiedene Organisationen aufgespalten, so z. B. in die **Organisation der internationalen Pflanzenschutz-Kongresse, das Internationale Komitee zur Bekämpfung des Karoffelkäfers** und in die **FAO**. Alle diese Bemühungen um die internationale Zusammenarbeit im Pflanzenschutz sind von hohem Wert und haben sich in verschiedener Hinsicht segensreich ausgewirkt. Sie dienen insbesondere dazu: 1. die Frage der Pflanzenquarantäne unter Berücksichtigung der allgemeinen Interessen aller Staaten zu regeln; 2. wissenschaftliche Erfahrungen auszutauschen; 3. die Bekämpfung von Schädlingen internationaler Bedeutung nach den neuesten technischen Erfahrungen in allen Staaten zu sichern. Die zwischenstaatliche Zusammenarbeit wird in der Regel am zweckmäßigsten multilateral, zur Behandlung einzelner Fragen auch bilateral sein.

Bei aller Anerkennung der Wichtigkeit und Nützlichkeit dieser internationalen Gemeinschaftsarbeit muß jedoch bei genauer Betrachtung eine **Lücke** festgestellt werden, die aber den Kernpunkt des Pflanzenschutzes betrifft.

Es ist dies die noch zu lösende Aufgabe, möglichst genaue Daten über die Rentabilität des Pflanzenschutzes in den einzelnen Ländern zu gewinnen und auf dieser Grundlage auch die letzten Landwirte von dem hohen Nutzen des Pflanzenschutzes zu überzeugen und ihn viel mehr als bisher für die Durchführung von Pflanzenschutzmaßnahmen zu gewinnen.

Wenn wir den Pflanzenschutz beispielsweise in Europa betrachten, so müssen wir feststellen, daß in allen Staaten ohne Ausnahme das Ausmaß der alljährlich eintretenden Schäden, die durch parasitäre und nichtparasitäre Ursachen hervorgerufen werden, ein bedeutendes ist. Fachleute schätzen diese Schäden auf mindestens 20 % des gesamten Ernteertrages, wovon, wie nachstehend ausgeführt, zumindest die Hälfte durch Intensivierung des Pflanzenschutzes gerettet werden könnte. Auch in den Staaten mit bester Pflanzenschutzorganisation wäre eine weitere Intensivierung der Pflanzenschutzarbeit nötig, in vielen Staaten aber ist der Stand absolut unbefriedigend. Die Hauptursache für diesen Übelstand ist in der Tatsache zu erblicken, daß die Landwirte vielfach im Unklaren darüber sind, wie groß wertmäßig die Ausfälle sind, die durch Schädlinge hervorgerufen werden und wie groß andererseits der Nutzen ist, der durch Pflanzenschutzmaßnahmen erzielt wird.

C) Schätzungs-, bzw. statistische Daten aus Österreich

Es sei mir gestattet, einige Daten aus Österreich anzuführen.

Der gesamte Wert der österreichischen pflanzenbaulichen Produktion wird von Fachleuten auf

---

*) CEA = Confédération Européenne de l'Agriculture

rund 10 Milliarden Schilling pro Jahr geschätzt.*) Der alljährlich der agrarischen Produktion durch Schädlinge und Pflanzenkrankheiten erwachsende Verlust beträgt laut Schätzung der gleichen Fachleute annähernd 2 Milliarden Schilling. Diese Ziffer beinhaltet nur die Schäden in der Landwirtschaft, nicht jene der Forstwirtschaft.

Andererseits ist darauf hinzuweisen, daß in der Forstwirtschaft allein durch die Borkenkäferbekämpfung in den letzten 3 Jahren ein Schaden von 900 Millionen Schilling verhindert werden konnte. Ferner wurde bei der Nonnenbekämpfung mit dem DDT-Präparat Gesarol im Waldviertel im Jahre 1949 mit einem Aufwand von rund 250.000 Schilling für dieses Bekämpfungsmittel zuzüglich der Arbeitskosten ein Schaden in der Höhe von 15 Millionen Schilling verhütet.

Es ist selbstverständlich nicht möglich, Verluste, die durch Krankheiten und Schädlinge hervorgerufen werden, vollkommen auszuschalten, da wir zahlreiche Schädlinge noch nicht in zufriedenstellender Weise zu bekämpfen verstehen, andererseits auch bei vielen bewährten Bekämpfungsmaßnahmen ein 100 %iger Erfolg nur mit einem nicht mehr wirtschaftlich tragbaren Aufwand erzielbar ist.

Zu oben genannten Zahlen sei noch bemerkt, daß sich der Pflanzenschutz in Österreich der tatkräftigen Unterstützung seitens des Bundesministeriums für Land- und Forstwirtschaft, der Bundesanstalt für Pflanzenschutz, der Landwirtschaftskammern und der landwirtschaftlichen Genossenschaften erfreut und daß er sich alle in den letzten 10 Jahren erzielten Fortschritte zu Nutze machte. Die oben genannten Ziffern liegen deshalb sicher nicht etwa weit unter dem gesamteuropäischen Durchschnitt, sondern es ist vielmehr zu befürchten, daß zum Teile die Verhältnisse in anderen Staaten zumindest nicht besser liegen. Ich glaube daher, daß die speziellen Daten über Österreich, die ich mir anzuführen erlaubte, allgemeines Interesse verdienen und daß ähnliche Feststellungen in anderen Ländern gemacht werden konnten.

D) Vorschläge für die Koordinierung des Pflanzenschutzes in Europa

Wie ich schon angedeutet habe, fehlt in Europa ein statistisches System zur Ermittlung des Schadensumfanges und in den meisten Ländern eine Organisation, die den letzten Landwirt über den Umfang der Schäden aufklärt. Wohl werden in der Pflanzenschutzwerbung der Staaten und der Privatwirtschaft immer wieder Zahlen genannt, doch entbehren diese einer ganz genauen Grundlage. Die Ziffern werden nicht anerkannt, können daher auch nicht mit Nachdruck vertreten werden und erreichen so nur selten ihren Zweck.

Zu erwägen wäre, ob nicht ein Ausschuß geschaffen werden sollte, dessen Aufgabe es wäre, sich mit den besonderen Fragen des Pflanzenschutzes im Rahmen der CEA zu befassen. Wenn es die Hauptaufgabe der menschlichen Zivilisation ist, den siegreichen Kampf über Raum und Zeit zu bestehen, so ist es gerade eine der Hauptaufgaben in der europäischen Wirtschaft, die wichtigsten Maßnahmen in der Schädlingsbekämpfung durch Überwindung der durch Raum und Zeit sich ergebenden Schwierigkeiten zu koordinieren, wie dies z. B. bei der Kartoffelkäferbekämpfung bereits geschehen ist.

Es sei mir gestattet, die Anregung zu unterbreiten, daß vor allem eine K o o r d i n i e r u n g d e r B e m ü h u n g e n, zumindest der europäischen Staaten, in der Frage der A u f k l ä r u n g d e r P f l a n z e n b a u t r e i b e n d e n hinsichtlich der E r n t e v e r l u s t e und der N ü t z l i c h k e i t d e r P f l a n z e n s c h u t z a r b e i t angestrebt werde.

Die Frage, wie wird jedem Einzelnen des Bauernstandes die unbedingte Notwendigkeit des Pflanzenschutzes verständlich gemacht, sodaß ihm die regelmäßigen Pflanzenschutzmaßnahmen so verständlich wie die regelmäßige Düngung werden, müßte vordringlich behandelt werden, wobei nicht nur die staatlichen Pflanzenschutzstellen, sondern auch die Privatwirtschaft mitwirken müßten.

Als Grundlage für die Bemühungen müßte ein i n t e r n a t i o n a l e r B e r i c h t e r s t a t t e r d i e n s t n a c h e i n h e i t l i c h e n G e s i c h t s p u n k t e n o r g a n i s i e r t werden, der nicht nur über das Schädlingsauftreten, sondern vor allem über den Umfang der Ausfälle Material zu liefern hätte.

Mit Hilfe dieser Unterlagen könnte dann mit viel mehr Berechtigung an den Bauern herangetreten werden und ihm mit dem Rechenstift vorgerechnet werden, was er zu gewinnen hat, wenn er diese oder jene Pflanzenschutzmaßnahme durchführt. Erst wenn die internationale Zusammenarbeit auch dieser Frage ihre Aufmerksamkeit widmet, wird auch das Zusammenwirken auf wissenschaftlichem und technischem Gebiet jene Auswirkungen haben, die man sich erhofft: daß allerorts das Grundprinzip des Pflanzenschutzes, daß die richtige Methode bzw. „das richtige Mittel zur richtigen Zeit richtig angewendet werde" in die Tat umgesetzt und dadurch die landwirtschaftliche Produktion in bedeutendem Maße gesteigert werde.

Gerade durch die Zusammenarbeit im Pflanzenschutz, ob diese nun bilateral durch die Fühlungnahme der einzelnen Staaten untereinander, oder multilateral erfolgt, kann der Erfolg des Pflanzenschutzes bei gleichem Aufwand wesentlich gesteigert werden und es gilt hier ganz besonders der alte Bauernwahlspruch: Einer für alle, alle für einen.

---

*) Anmerkung: Im Jahre 1959 betrug der Wert der österreichischen pflanzenbaulichen Produktion bereits 18 Milliarden Schilling.

Co-Ordinating Plant Protection in Europe

Dr. et Mr. Richard KWIZDA

Lecture delivered at the CEA Meeting in Strassburg
(September 25—October 2, 1950) *

A) General aspects

The economic and political importance of agrarian production at this time is certainly not less than it has been in past centuries, and the outcry for „panem et circenses" is fully valid today as of yore. The distress and the misery of the last war and of the postwar period have again shown us to what extent the existence of Europe is based upon its agrarian production. Although revolutionary movements have occured in our age and time, nothing has been changed in our economy, in the cultural aspects and in all other factors, however fluctuating.

In the clear recognition of the overwhelming economic importance of agrarian production, the world-wide FAO Organization has been founded, and it is this Organization that aims, last but not least, at an increase and improvement of agrarian production. It is not surprising that FAO pays particular attention to one special aspect serving exclusively the safe-guarding and increasing of crop yields, viz. the protection of plants.

It is not by chance that in the field of plant protection international co-operation has always been particularly intensive, because of the fact that pests and diseases (many of them microscopic) can, and do, spread, and their movement is not influenced by political boundaries. It is only on an international level that effective measures can be adopted to restrict the dangers caused by these pests.

B) Retrospect towards the Past and Present State of Affairs

Looking back we may state that long before World War II the foundation of an international co-operation had been laid in Rome in 1929 by forming the International Convention for Plant Protection. However, owing to the political conditions of the following years, the above Organization could not achieve its full effectiveness. After the war there developed an intense international exchange of thoughts as far as plant protection was concerned. However the various ideas could so far not be co-ordinated. On the contrary, there existed various organizations side by side, as for instance the Organization of the International Plant Protection Congress, the International Committee for the Control of the Colorado Beetle and the FAO (Food and Agricultural Organization).

All these efforts towards international co-operation in plant protection are highly valuable and have borne fruit in various aspects. They serve particularly the following problems; (1) regulation of plant quarantine with due regard to th general interest of all countries; (2) the exchange of scientific experiences; (3) the control of the pests presenting international problems — according to the most recent technical development in all countries. For practical purposes we know that international co-operation is best served multilaterally, or in case of individual problems, bilaterally.

And yet, while fully acknowledging the importance and the value of such international co-operation, one deficiency will be detected when matters are closely scrutinized, and this defect concerns the essence of plant protection.

By this I refer to the task as yet unsolved of collecting data and particulars as precise as possible concerning the profitableness of plant protection in the individual countries; and of convincing, on this basis, every farmer of the high value of protecting the plants and thus winning his co-operation for the carrying out of preventive measures in the field of plant protection to a higher degree than has been so far the case.

If, for instance, we consider plant protection in Europe, we shall have to state that in all countries without exception great damage is done annually which is partly caused by parasitic and partly by non-parasitic pests. Experts estimate that the damage done to the harvest amounts to at least 20 % of the entire yield. It will be shown later that at least one half of this actual loss could be saved by intensifying the protection of plants. Even in the countries that boast of the best organized protection of their plants, a further intensifying of plant protection measures would be required. The actual state of plant protection is absolutely unsatikfactory in many countries. The main reason for this may be found in the fact that farmers often have no clear idea as to how great the figures of the losses caused by pests actually are, nor, on the other hand, how great the profit is that can be made by applying measures of plant protection.

---

*) CEA = Confédération Européenne de l'Agriculture

C) Data on Estimates and Statistics from Austria

I would like to illustrate this point with a few figures from Austria.

The entire value of Austria's cultivation and production of plants is estimated by experts to amount annually to approximately 10 thousands of millions of Schillings. The annual loss for the agrarian production caused by pests and plant diseases amounts to roughly 2 thousands of millions of Schillings. This figure shows only the damages done to agriculture and not those done to forestry.

On the other hand, it should be pointed out that in forestry alone damages, to the amount of 900 millions of Schillings, were prevented within the last three years, owing to the control of the bark-beetle. Furthermore, owing to the control of the pine-weevils with the DDT-preparation Gesarol, in the "Waldviertel" it was possible in 1949 to avoid damages to the extent of 15 millions of Schillings by spending approximatively 250.000 S for the above-mentioned preparation, plus the necessary costs of labour.

It will not be possible, of course, to eliminate completely the losses which are caused by diseases and pests, in view of the fact that we do not know enough about the control of them. On the other hand, there are available many well-proved methods of control which can only be 100 % effective under great, and in some cases impossible financial strain.

In connection with the above quoted figures it may also be pointed out that in Austria plant protection has the solid support of the Federal Ministry of Agriculture and Forestry, the Federal Station for Plant Protection, the Chamber of Agriculture and Agricultural Cooperative. Apart from these, it has made full use of any and every progress achieved during the last years. The above quoted figures will presumably not be far from, or below, the European average, and it is feared that conditions in other countries may not be any better either. I therefore think that the specific data from Austria, which I have taken the liberty of quoting, will deserve general interest and that it will be possible to make similar observations in other countries as well.

D) Suggestions concerning the Co-ordination of Plant Protection in Europe

As pointed out already, there is lacking in Europe a statistical system for ascertaining the extent of the damages caused by above mentioned facts. In most countries there is no organization which can reach every farmer and explain to him the extent of the damages suffered. It is quite true that figures are always publicly quoted by plant protection authorities in the countries themselves, and in private undertakings of this kind, and yet there is no precise and common foundation for these figures, therefore the figures will not be recognized as such. They cannot always be emphatically upheld, and so, seldom achieve their purpose.

We may consider whether a Committee ought to be created whose task it would be to concern itself with the specific problems of plant protection within the framework of CEA. If it can be called the main task of human civilisation to get the final control over space and time, it may well be said that one of the principal tasks of European economy will be: The co-ordination of the most urgent measures for the control of pests by overcoming the difficulties created by space and time. This has been the case already in the control of the Colorado beetle.

May I be permitted to suggest that efforts should be made towards a **co-ordination** within the European countries, at least concerning the problem of **enlightening those who cultivate plants**, about the losses of harvest and the profits brought about by **plant protection work**.

Priority ought to be given to the question of how to explain to the ordinary farmer the great importance of plant protection, so that it is as clear to him as, for instance, is the value of manure. In this respect, not only the State authorities for Plant Protection but also private undertakings ought to participate.

The basis for all these efforts ought to be an **international organization whose aim should be co-ordination**. This agency ought to collect material about the appearance of pests, and particularly, about the actual losses due to pests.

With the aid of such information, it would be easier to approach the farmer and demonstrate to him clearly, by means of facts and figures, the advantages of plant protection. Only if and when the international authorities will co-operate towards solving this problem, the common work in the fields of science and technical progress will achieve the results that one is hoping for: To carry through everywhere the fundamental principle of plant protection which is — that the correct method and or the correct agent be adequately applied. By following this principle the agrarian production will be considerably increased.

It is precisely this co-operation in plant protection — whether it be done bilaterally between single countries or multilaterally — that will increase the results of plant protection while expenses will remain the same, and here if anywhere the old peasant adage will hold good: "One for all and all for one".

La coordination de la protection des végétaux en Europe

Dr. Richard KWIZDA
pharmacien diplômé

Rapport fait à l'occasion du Congrès de la CEA à Strasbourg
(25 septembre — 2 octobre 1950) *

A) Notions générales

L'importance économique et politique de la production agricole n'est pas moins considérable aujourd'hui que dans les siècles passés et le cri „panem et circenses" a encore aujourd'hui toute sa validité. Les années de disette pendant la guerre et l'après-guerre nous ont à nouveau démontré combien l'existence de l'Europe dépend de sa production agricole. Toutes les révolutions dans la structure de notre temps, dans la vie économique et dans les expressions culturelles, de même que les autres facteurs modifiants, n'ont rien changé à ce fait.

Reconnaissant la grande importance économique de la production agraire, on a créé l'Organisation internationale de la FAO, dont le but est avant tout l'augmentation et l'amélioration de la production agricole. Il n'est pas surprenant de constater que la FAO s'intéresse tout particulièrement à un s e c t e u r s p é c i a l, chargé exclusivement d'assurer et d'augmenter les récoltes dans l'agriculture: à la protection des plantes.

Ce n'est pas un hasard que dans le secteur de la protection des plantes la collaboration internationale a toujours été d'une intensité spéciale; car l'importation facile d'insectes nuisibles, c'est-à-dire d'agents pathogènes, presque toujours de taille minime et souvent microscopique, ne trouve pas de barrières aux frontières politiques, de manière que ce n'est sur le plan international que des dispositions efficaces peuvent être prises pour combattre les dangers qui en résultent.

B) Ceci dit, je vais vous donner ci-dessous un **aperçu sur le passé et le présent.**

Dans le passé on peut constater que les bases d'une collaboration internationale ont été créées déjà longtemps avant la seconde guerre mondiale par la C o n v e n t i o n i n t e r n a t i o n a l e d e l a p r o t e c t i o n d e s v é g é t a u x (Rome, 1929) qui, par suite de la situation politique des années suivantes, ne fut toutefois pas entièrement efficace.

Depuis la guerre on peut observer dans le domaine de la protection des végétaux un vif échange d'idées sur le plan international, mais jusqu'à présent, cet échange d'idées n'a pas pu être coordonné. Les prises de contact se répartissent sur des organisations diverses, telles que par exemple l'O r g a n i s a t i o n d e s C o n g r è s i n t e r n a t i o n a u x d e l a p r o t e c t i o n d e s v é g é t a u x, le C o m i t é i n t e r n a t i o n a l p o u r c o m b a t t r e l e d o r y p h o r e, et l a F A O. Tous ces efforts à réaliser une collaboration internationale dans le domaine de la protection des végétaux sont d'une haute valeur et ils ont eu un effet heureux sous divers rapports. Ils servent avant tout 1º à régler la question de la quarantaine des plantes en tenant compte des intérêts généraux de tous les Etats; 2º à échanger des expériences scientifiques; 3º à assurer dans tous les Etats, selon les expériences techniques les plus récentes, la lutte contre les insectes nuisibles d'importance internationale.

La collaboration internationale sur le plan multilatéral sera en général la plus opportune; pour le traitement des questions particulières elle peut être bilatérale.

Tout en reconnaisant l'importance et l'utilité de ce travail commun sur le plan international, il nous faut, après une observation exacte, constater u n e l a c u n e qui, toutefois, concerne le point essentiel de la protection des végétaux.

La tâche qui reste encore à accomplir est de rassembler les données les plus précises sur la rentabilité de la protection des végétaux dans chaque pays et, en s'appuyant sur ces données, de convaincre jusqu'au dernier agriculteur que la protection des végétaux est d'une grande utilité et de le persuader de mettre à exécution les dispositions prises pour protéger les plantes.

Considérant la protection des végétaux en Europe p.e., il nous faut constater que dans tous les Etats sans exception l'étendue des dommages annuels provoqués par des causes parasitaires et non parasitaires est fort importante. Des spécialistes estiment ces pertes à 20 % au moins de toute la récolte et on pourrait en sauver, comme il est exposé ci-dessous, au moins la moitié en intensifiant la protection des végétaux. Même dans les Etats qui disposent d'une meilleure organisation de protection des végétaux, il serait nécessaire d'intensifier encore le travail dans ce domaine, mais dans beaucoup de pays l'état actuel est absolument insuffisant. La cause principale de cet inconvénient est à rechercher dans le fait que les agriculteurs ne voient souvent pas clairement l'importance des pertes provoquées par des insectes nuisibles et le grand profit que l'on peut réaliser par la protection des végétaux.

---

*) CEA = Confédération Européenne de l'Agriculture

C) **Je me permets maintenant de vous citer quelques e s t i m a t i o n s s u r l' A u t r i c h e et de vous communiquer q u e l q u e s   s t a t i s t q u e s   d e   m o n   p a y s.**

La valeur entière de la production autrichienne dans le domaine de la plantation est estimée par des spécialistes à environ 10 milliards de Schillings par an. La perte annuelle de la production agraire causée par des insectes nuisibles et par les maladies des plantes se monte selon l'estimation des mêmes spécialistes à environ 2 milliards de Schillings. Ce chiffre ne nous montre que les dommages dans l'agriculture et non ceux de l'économie forestière.

D'autre part, il faut noter que dans l'économie forestière une perte de 900 millions de Schillings put être empêchée durant les 3 dernières années en combattant uniquement les bostryches. En outre en 1949 une perte de 16 millions de Schillings put être empêchée en combattant au „Waldviertel" les nonnes avec la préparation DDT Gésarol. Les dépenses pour cette préparation ne se montaient qu'à 250.000 Schillings, y compris les frais de travail.

Il n'est évidemment pas possible d'écarter entièrement les pertes provoquées par des maladies et des insectes nuisibles, car nous ne sommes pas encore en mesure de les combattre tous d'une manière satisfaisante; d'autre part, beaucoup de moyens éprouvés dans cette lutte assurent un succès de 100 % avec une dépense trop grande pour être justifiée du point de vue économique.

De plus, la protection des plantes en Autriche jouit d'un appui énergique de la part du Ministère fédéral de l'agriculture et de l'Economie forestière, de l'Institution fédérale pour la protection des plantes, des Conseils d'agriculture et des Syndicats agricoles. Pendant les 10 dernières années elle a profité de tous les progrès réalisés. Certainement les chiffres cités ci-dessus ne se trouvent pas en dessous de la moyenne européenne et il est même à craindre que la situation dans d'autres Etats ne soit point meilleure. Je crois donc que les données particulières concernant l'Autriche, que je me suis permis de mentionner, sont d'un intérêt général et que l'on a pu faire des constatations semblables dans d'autres pays.

Après avoir exposé tout particulièrement la situation dans mon propre pays, et j'espère que c'était d'intérêt pour vous, je me permets de vous faire quelques

D) **Propositions pour la coordination de la protection des plantes en Europe**

Comme je l'ai déjà laissé entendre, il manque en Europe un système de statistiques pour déterminer l'étendue des dommages; dans la plupart des pays il n'existe pas encore d'organisation renseignant l'agriculteur sur cette étendue des pertes. Il est vrai que dans la propagande des Services officiels et de l'économie privée pour la protection des plantes, on cite toujours des chiffres qui, toutefois, n'ont pas de base précise. Aussi ces chiffres ne sont-ils pas toujours reconnus et ne peuvent-ils pas être soutenus avec énergie, de sorte que leur but n'est que rarement atteint.

On devrait prendre en considération la création d'un Comité ayant pour tâche l'examen des questions particulières résultant de la protection des plantes dans le cadre de la CEA. Si la tâche principale de la civilisation humaine est de vaincre les obstacles créés par l'espace et le temps, il est une des tâches principales de l'économie européenne de coordonner les mesures principales dans le combat contre les insectes nuisibles en surmontant les difficultés résultant de l'espace et du temps, comme on l'a réalisé par exemple dans la lutte contre le doryphore.

Je me permets de faire la proposition de tendre avant tout vers une c o o r d i n a t i o n   i n t e r n a t i o n a l e   des efforts tout au moins parmi les Etats européens, en traitant la question de l ' i n f o r m a t i o n   d e   c h a q u e   a g r i c u l t e u r   en ce qui concerne   l e s   p e r t e s   d e r é c o l t e   e t   l ' u t i l i t é   d u   t r a v a i l   p o u r   l a   p r o t e c t i o n   d e s   p l a n t e s.

Avant tout, une question devrait être tranchée: comment faire comprendre à chaque paysan l'utilité absolue de la protection des plantes, de manière à ce que les dispositions régulières pour protéger les plantes lui deviennent aussi naturelles que la fumure régulière. Non seulement les institutions publiques pour la protection des plantes mais aussi bien l'économie privée devraient coopérer à résoudre ce problème.

Il faudrait commencer par organiser un   s e r v i c e   i n t e r n a t i o n a l   d ' i n f o r m a t i o n s e l o n   d e s   p o i n t s   d e   v u e   u n i f o r m e s   et ce service devrait fournir des informations sur l'apparition des insectes nuisibles et, avant tout, des renseignements sur l'étendue des pertes. A l'aide de ces données, on pourrait persuader les paysans avec beaucoup de justification en leur démontrant sur place ce qu'ils pourraient gagner en prenant telle ou telle disposition pour protéger les plantes. La collaboration internationale doit traiter attentivement ce problème et c'est alors seulement que la coopération dans le domaine scientifique et technique aura les effets espérés; j'entend par là que partout devra se réaliser le principe fondamental de la protection des plantes: „Le bon remède sera appliqué de manière exacte au bon moment." Ainsi la production agricole sera augmentée de manière considérable.

C'est précisément par la collaboration dans le domaine de la protection des plantes que le succès peut être largement augmenté tout en maintenant les mêmes dépenses. Tout particulièrement dans ce domaine la vieille devise paysanne peut être citée: un pour tous et tous pour un.

Координация защиты растений в Европе

Др. и маг. Рихард Квизда

(Доклад, прочитанный на съезде СЕА в Страсбурге 25 сентября — 2 октября 1950 г.*)

А) Общие замечания

Экономическое и политическое значение сельскохозяйственной продукции нисколько не уменьшилось по сравнению с прошлыми веками. Крики римской толпы: „Хлеба и зрелищ!" (панем эт цирцензес!) не потеряли до наших дней свою силу. Бедствия, пережитые за последнюю войну и после нее доказали снова, до какой степени существование Европы зависит от ее собственной сельскохозяйственной продукции. Никакие перевороты общественных, экономических и культурных устоев не смогли поколебать эту зависимость.

Охватывающая весь мир организация ФАО**) была основана ввиду большого экономического значения сельскохозяйственной продукции. Одной из главных целей, преследуемых ФАО, является повышение и улучшение этой продукции. Поэтому не удивительно, что ФАО уделяет особое внимание о т р а с л и, которая с л у ж и т и с к л ю ч и т е л ь н о з а щ и т е и п о в ы ш е н и ю у р о ж а я в с е л ь с к о м х о з я й с т в е, т. е. з а щ и т е р а с т е н и й.

Наблюдаемое с давних пор интенсивное международное сотудничество в области защиты растений не случайно, ибо политические границы не препятствуют заносу преимущественно мелких вредителей и почти всегда микроскопических возбудителей болезней. Грозящая от них опасность может быть предотвращена только при помощи мероприятий в международном масштабе.

Б) Итоги прошлого и современное положение

Основы международного сотрудничества положены еще за 10 лет до второй мировой войны. В 1929 году была заключена М е ж д у н а р о д н а я к о н в е н ц и я з а щ и т ы р а с т е н и й в Р и м е. Однако политические события последующих лет не благоприятствовали проведению ее в жизнь.

Хотя в годы после второй мировой войны и наблюдается оживленный обмен мнениями по вопросам защиты растений, однако результатов не удалось привести к общему знаменателю. Возникли различные организации, как например: Организация международных конгрессов по защите растений. Международный комитет по борьбе с колорадским картофельным жуком и ФАО**). Все эти начинания, имеющие целью международное сотрудничество, без сомнения ценны и принесли значительные успехи. В частности они способствовали: 1) урегулированию вопросов карантина при учете общих интересов всех государств; 2) обмену научным опытом; 3) борьбе с вредителями международного значения на основе новейших достижений науки и техники. Сотрудничество между государствами может быть достигнуто на основе многосторонних соглашений, тогда как частные вопросы регулируются также при помощи двусторонних договоров.

Признавая значение этой совместной международной работы и приносимую ею пользу, необходимо все же указать на п р о б е л, обнаруживающийся при внимательном рассмотрении данного вопроса. Пробел этот касается самой сущности защиты растений. Речь идет здесь о разрешении кардинального вопроса, а именно: как собрать предельно точные данные о рентабельности защиты растений в отдельных государствах? Надлежит, на основе этих данных, убедить все еще упорствующих отдельных земледельцев в высокой рентабельности и пользе, приносимой защитными мероприятиями, а также побудить их к более активному проведению этих мероприятий в своих хозяйствах.

Что касается защиты растений, например в Европе, приходится констатировать, что во всех европейских государствах цифры ежегодных потерь, причиняемых вредителями и болезнями растений, весьма значительны. По мнению специалистов, эти потери составляют не менее 20% всего урожая. Как будет указано ниже, по меньшей мере половина этих потерь может быть устранена путем усовершенствования мер защиты растений. Даже в государствах, имеющих наилучшую организацию защиты растений, необходима дальнейшая ее интенсификация. Во многих же других странах уровень этой организации совершенно неудовлетворителен. Главную причину этого положения следует искать в том, что земледельцы часто не отдают себе отчета в высоте приносимых вредителями убытков, если их выразить в денежных единицах; с другой стороны земледельцы не знают, какую прибыль можно получить, применяя защитные мероприятия.

В) Данные оценки и статистики по Австрии

Специалисты оценивают общую стоимость растительной продукции Австрии в 1950 г. примерно на 10 мрд. шиллингов, а в 1959 г. на 18 мрд. шилл. Причиняемые ежегодно вредителями и болезнями убытки достигают по тем же источникам в одном только сельском хозяйстве 2 мрд. шилл. (не включая лесоводства). С

---

*) См. сноску на стр. 19
**) См. сноску на стр. 17

другой стороны следует указать на убытки, которых удалось избежать в течение последних трех лет. Так в результате борьбы с короедом в лесах удалось спасти древесину стоимостью 900 млн. шилл. Далее удалось в 1949 г. избежать убытков от шелкопряда-монашенки в Нижней Австрии (применяя препарат ДДТ - Гезароль) на сумму 15 млн. шилл., причем расходы на борьбу с этим вредителем составили (включая рабочую силу) примерно 250 тыс. шилл.

Само собой понятно, что избежать полостью убытков от вредителей и болезней растений невозможно, так как мы не располагаем еще во всех случаях эффективными мерами борьбы, тогда как в других случаях меры эти нерентабельны.

Возвращаясь к приведенным выше цифрам по Австрии, следует отметить, что акция защиты растений энергично поддерживается Министерством сельского хозяйства и лесоводства, Институтом защиты растений, а также сельскохозяйственными палатами и кооперативами. При этом были освоены и внедрены в практику все достижения науки за последние 10 лет. В связи с этим есть основания полагать, что суммы убытков не занижены в сравнении с аналогичными средними цифрами по целой Европе. Скорее можно опасаться, что в других странах положение по меньшей мере не лучше, чем в Австрии. Таким образом, по мнению автора, эти данные по Австрии заслуживают общего внимания и надлежало бы установить аналогичные цифры по другим странам.

Г) Предложение координации защиты растений в Европе

Как указано выше, в Европе нет системы статистического учета убытков, а в большинстве государств отсутствуют организации, осведомляющие земледельческие круги о действительных размерах этих убытков. Хотя государственные органы и частные организации, занимающиеся пропагандой защиты растний, и приводят различные цифры, но они точно не обоснованы. Поэтому за них трудно ручаться, а пользование ими редко достигает цели.

Автор предлагает рассмотреть вопрос создания комитета в рамках СЕА, задачей которого было бы рассмотрение частных вопросов защиты растений. Если считать основной задачей культурного человечества успешную борьбу за пространство и время, то преодоление препятствий, создаваемых временем и пространством в борьбе с вредителями было бы одной из важнейших задач европейской экономики; речь идет здесь о координировании основных защитных мероприятий, как это уже было достигнуто при борьбе с колорадским картофельным жуком.

Автор выступает поэтому с предложением координировать в первую очередь усилия (по крайней мере европейских государств) по осведомлению растениеводов о высоте убытков, причиняемых вредителями и болезнями и о том, какую пользу можно извлечь из защитных мероприятий.

Следует особо срочно разработать методы убеждения каждого отдельного земледельца в необходимости защиты растений так, чтобы защитные мероприятия стали бы столь же сами собой понятны, как постоянное удобрение полей и пр. Работу этого рода должны вести не только государственные станции защиты растений, но и частные организации.

Основой указанных работ должна быть, международная информационная служба, организованная на основе единообразной системы. Ее задачей было бы информировать не только об одном появлении вредителей, но прежде всего о сумме причиненных ими убытков.

На основе собранного таким образом фактического материала можно будет представить земледельческим кругам гораздо лучше обоснованные расчеты и показать им наглядно, насколько рентабельны и полезны те или иные защитные мероприятия. Ожидаемые результаты могут быть достигнуты только в том случае, если международное сотрудничество обратит внимание также и на указанный вопрос; тогда удастся повсеместно провести в жизнь основной принцип защиты растений: „применять подходящее средство в соответствующий момент и правильным образом" и таким путем значительно повысить сельскохозяйственную продукцию.

Путем международного сотрудничества отдельных государств (много- и двустороннего) можно значительно повысить рентабельность защитных мероприятий, не повышая затрат. Здесь оправдывается в особо сильной степени старинный крестьянский лозунг: „Один за всех, все за одного!"

Register der wichtigsten Pflanzenschädlinge, Pflanzenkrankheiten und Unkräuter

in den Sprachen

Deutsch, Latein, Dänisch, Englisch, Französisch, Italienisch, Niederländisch, Russisch, Schwedisch, Spanisch

Register nocentium florae

Register over de vigtigste planteskadedyr plantesygdomme og ukrudt

Index of the Most Important Plant Pests, Diseases and Weeds

Registre des parasites, maladies et mauvaises herbes les plus importants

Elenco dei maggiori parassiti, delle malattie delle piante e delle malerbe

Register van het meest voorkomende schadelijk ongedierte, plantenziekten en onkruiden

Указатель важнейших вредителей и болезней растений, а также сорняков

Register över de viktigaste plantskadedjuren, plantsjukdomarna och ogräsen

Registro de los principales parásitos y enfermedades de los cultivos, y de las malas hierbas

	Feld- und Gemüsebau	Agricultura cultusque olerum	Ager- og havebrug	Field crops and vegetables	Agriculture et culture maraîchère
	a) Tierische Schädlinge	a) noxium genus vel species animalium	a) skadedyr	a) pests	a) animaux nuisibles
Lfd. Nr.	Deutsch	Lingua latina	Dansk	English	Français
1	Ackerschnecke	Agriolimax agrestis L.	Agersnegl	Grey field slug	Petite limace grise
2	Blattläuse	Aphididae	Bladlus	Aphids, Plant lice	Aphides, Pucerons
3	Blattrandkäfer, gestreifter	Sitona lineata L.	Stribet bladrandbille	Striped pea and bean weevil	Sitone des pois
4	Bohnenblattlaus, schwarze	Doralis fabae Scop., Aphis fabae Scop.	Bedelus, Bedebladlus	Bean aphid	Puceron noir des fèves
5	Derbrüßler	Bothynoderes punctiventris Germ.	—	Beetroot weevil	Cléone de la betterave
6	Drahtwurm, Schnellkäferlarve	Elateridae	Smælderlarve	Wireworms	Taupin, Ver fil de fer
7	Erbsenblattlaus, grüne	Acyrthosiphon pisi Kalt., Acyrthosiphon onobrychis BDF.	Ærtelus	Pea aphid	Puceron vert du pois
8	Erbsenkäfer	Bruchus pisorum L.	Ærtefrøbille	Pea weevil, Pea beetle	Bruche des pois
9	Erdflohkäfer	Halticinae	Jordloppe	Flea beetle	Altise
10	Erdraupe, Wintersaateulenraupe	Agrotis segetum Schiff.	Knoporm	Turnip moth, Cutworm	Noctuelle des moissons
11	Feldmaus	Microtus arvalis P.	Markmus	Field vole, Harvest mouse, Field mouse	Campagnol des champs
12	Fritfliege	Oscinella frit L.	Fritflue	Frit fly	Oscinie, Mouche de Frit
13	Gartenhaarmücke	Bibio hortulanus L.	Havehårmyg	Bibionid fly	Bibion des jardins
14	Gartenwegschnecke	Arion hortensis Fér.	Sort havesnegl	Garden slug, Black field slug	Limace des jardins
15	Getreideblasenfuß	Limothrips cerealium Hal.	Kornthrips	Corn thrips, Grain thrips	Thrips des céréales
16	Getreideblumenfliege	Hylemyia coarctata Fall.	Brakflue	Wheat bulb fly	Mouche du blé
17	Getreidehalmwespe	Cephus pygmaeus L.	Halmhveps	Wheat stem sawfly	Cèphe des chaumes
18	Getreidelaufkäfer	Zabrus tenebrioides Goeze	Aksløber	Corn ground beetle	Zabre bossu
19	Gewächshausthrips	Heliothrips haemorrhoidalis Bché.	Den sorte væksthusthrips	Greenhouse thrips	Thrips des serres
20	Hafernematode	Heterodera avenae	Havreål	Cereal eelworm	Nématode des céréales
21	Hessenfliege	Mayetiola destructor Say.	Hessisk flue	Hessian fly	Mouche de Hesse
22	Hopfenerdfloh	Chaetocnema concinna Marsh.	Bedejordloppe	Brassy flea beetle, Toothlegged fleabeetle	Altise de la betterave
23	Hopfenwanze	Calocoris fulvomaculatus Deg.	—	Needle-nosed hop bug	Punaise des poires
24	Junikäfer, Brachkäfer	Rhizotrogus solstitialis L., Amphimallus solstitialis	St. hans - oldenborren Brandenborre	Summer chafer	Hanneton de la St.-Jean
25	Kartoffelälchen	Heterodera rostochiensis Woll.	Kartoffelål	Golden nematode, Potato root eelworm	Nématode des racines de la pomme de terre

	Agricoltura ed orticoltura	**Landbouw en groenteteelt**	**Полеводство и овощеводство**	**Åkerbruk och trädgårdsodling**	**Agricultura y horticultura**
	a) parassiti animali	a) schadelijke dieren	a) Вредители	a) skadedjur	a) animales nocivos
Lfd. Nr.	Italiano	Nederlands	по-русски	Svenska	Español
1	Lumaca dei campi	Melkslakje (meest Agriolimax reticulatus Müll.)	Полевой слизень	Åkersnigel	Limaco, babosa
2	Afide, Pidocchio delle piante	Bladluizen	Тли	Bladlöss	Pulgones
3	Sitone lineato del fagiolo	Bladrandkever	Полосатый клубеньковый долгоносик	Randig ärtvivel	Sitona del guisante
4	Afide della fava	Zwarte boneluis	Свекловичная тля (бобовая тля)	Bönbladlus	Pulgón negro de las habas
5	Cleonino della bietola	Bietesnuitkever	Свекловичный долгоносик (обыкновенный свекловичный) долгоносик	—	Cleonus de la remolacha
6	Ferretti, Elateridi, Bisciole	Ritnaald, Koperworm	Щелкуны (проволочники)	Knäpparlarv	Doradillas, Gusanos de alambre
7	Afidone verdastro del pisello	Erwtenbladluis	Гороховая тля	Ärtbladlus	Pulgón verde del guisante
8	Tonchio del pisello	Erwtenkever	Гороховая зерновка	Ärtsmyg	Gorgojo del guisante
9	Altiche, Pulci di terra	Aardvlo	Земляные блошки	Jordloppa	Pulguillas
10	Nottua delle messi	Aardrups	Озимая совка	Sädesbroddflylarv	Nóctua común de las mieses, Gusanos grises, Rosquillas
11	Arvicola campagnola	Veldmuis	Обыкновенная полевка	Åkersork	Ratillas
12	Oscinella	Fritvlieg	Шведская муха	Fritfluga	Mosca, Oscinia, Frit
13	Bibio	Rouwvlieg	Садовая мохнатка	Hårmygga	Bibio de las huertas
14	Lumaca degli orti	—	Садовый слизень	Trädgårdssnigel	Limaco, babosa
15	Limotripide dei cereali	Graanthrips	Трипс хлебный	Sädestrips	Trips de los cereales
16	Mosca del grano	Smalle graanvlieg	Озимая муха	Rågbroddfluga	Mosca de los cereales
17	Cefo del grano	Graanhalmwesp	Хлебный пилильщик	Halmstekel	Cefo del trigo
18	Zabro gobbo, Zabro del frumento	Graanloopkever	Хлебная жужелица	Axlöpare	Zabro del trigo
19	Eliotripide emorroidale	Kasthrips	Тепличный трипс	Svarttrips (svart växthustrips)	Piojillo de los invernaderos
20	Anguillula della barbabietola	Havercystenaaltje	Овсяная нематода (угрица)	Havrenematod, Havreål	Anguilula de la remolacha
21	Mosca tedesca	Hessische mug	Гессенская муха (гессенский комарик)	Kornmygga, Hessisk fluga	Mosquito del trigo
22	Altica delle rape	Groene aardvlo	Обыкновенная свекловичная (гречишная) блоха	Betjordloppa	Pulguilla de la remolacha
23	Cimice delle pere	Fruitwants	Хмелевый клоп	Ängsstinkfly	Chinche del lúpulo
24	Rizotrogo	Junikever	Июньский хрущ	Pingborre	Escarabajo sanjuanero (menor)
25	Anguillula dorata della patata	Aardappel- cystenaaltje	Картофельная нематода	Potatisnematod, Potatisål	Anguilula de la remolacha, Nemátodo dorado de la patata

	Feld- und Gemüsebau a) Tierische Schädlinge	Agricultura cultusque olerum a) noxium genus vel species animalium	Ager- og havebrug a) skadedyr	Field crops and vegetables a) pests	Agriculture et culture maraîchère a) animaux nuisibles
Lfd. Nr.	Deutsch	Lingua latina	Dansk	English	Français
26	Kartoffelblattlaus, (grünfleckige)	Aulacorthum pseudosolani Theob.	—	Green potato aphid	Puceron de la pomme de terre
27	Kartoffelkäfer	Leptinotarsa decemlineata Say.	Coloradobille	Colorado beetle	Doryphore de la pomme de terre
28	Kohlblattlaus	Brevicoryne brassicae L.	Kålbladlus	Cabbage aphid	Puceron cendré du chou
29	Kohldrehherzmücke	Contarinia nasturtii Kieff.	Krusesygegalmyg	Cabbage midge	Cécidomyie du chou
30	Kohlerdfloh, großer gelbstreifiger	Phyllotreta nemorum L.	Store gulstribede jordloppe	Turnip flea beetle	Altise, Puce de terre
31	Kohleule	Mamestra (Barathra) brassicae L.	Kålugle	Cabbage moth	Noctuelle du chou
32	Kohlfliege	Chortophila brassicae Bché.	Kålflue	Cabbage maggot, Cabbage root fly	Mouche du chou
33	Kohlgallenrüßler	Ceutorrhynchus sulcicollis Thoms.	Kålgallesnudebille	Cabbage gall weevil	Charançon du chou
34	Kohlgallmücke, Kohlschotenmücke	Dasyneura (Perrisia) brassicae Winn.	Kålgalmyg	Cabbage gall midge	Cécidomyie du chou
35	Kohlmottenschildlaus	Aleurodes brassicae Walk.	—	Greenhouse white fly	Aleurode des serres
36	Kohlschabe	Plutella maculipennis Curt.	Kålmøl	Diamond-back moth	Teigne des crucifères
37	Kohlweißling, großer	Pieris brassicae L.	Stor kålsommerfugl	Large cabbage white (Butterfly)	Piéride du chou
38	Kohlweißling, kleiner	Pieris rapae L.	Lille kålsommerfugl	Small cabbage white (Butterfly)	Piéride de la rave
39	Lauchmotte	Acrolepia assectella Zell.	Porremøl	Leek moth	Teigne du poireau
40	Liebstöckelrüßler	Otiorrhynchus ligustici L.	Øresnudebille	Alfalfa snout beetle, Root weevil	Otiorrhynque de la livèche
41	Maikäfer, Feld-	Melolontha melolontha L.	Almindelig oldenborre	Cockchafer, May bug	Hanneton commun
42	Maiszünsler	Pyrausta nubilalis Hübn.	—	European corn borer	Pyrale du maïs
43	Maulwurf	Talpa europaea L.	Muldvarp	Mole	Taupe
44	Maulwurfsgrille, Werre	Gryllotalpa vulgaris L.	Jordkrebs	Mole-cricket, Earth crab, Jarr worm	Courtilière commune, Taupe grillon, Taupette
45	Möhrenfliege	Psila rosae F.	Gulerodsflue	Carrot fly	Mouche de la carotte
46	Mohnkapselrüßler	Ceutorrhynchus macula alba Hbst.	—	—	Ceutorrhynque
47	Mohnwurzelrüßler	Stenocarus fuliginosus Marsh.	—	—	—
48	Rapserdfloh	Psylliodes chrysocephala L.	Raps-jordloppe	Rape flea beetle, Cabbage stem flea beetle	Altise du colza et du navet
49	Rapsglanzkäfer	Meligethes aeneus F.	Glimmerbøsse	Blossom beetle, Rape beetle	Méligèthe du colza
50	Rapsweißling	Pieris napi L.	Grøhårede kålsommerfugl	Green-veined white (not a crop pest)	Piéride du navet

Lfd. Nr.	**Agricoltura ed orticoltura** a) parassiti animali Italiano	**Landbouw en groenteteelt** a) schadelijke dieren Nederlands	**Полеводство и овощеводство** а) Вредители по-русски	**Åkerbruk och trädgårdsodling** a) skadedjur Svenska	**Agricultura y horticultura** a) animales nocivos Español
26	Afide della patata	Boterbloemluis	Зеленая картофельная тля	Potatisbladlus	Pulgón verde de la patata
27	Dorifora della patata (e delle melanzane)	Coloradokever	Колорадский картофельный жук	Koloradobagge	Dorifora, escarabajo de la patata
28	Afide ceroso del cavolo	Melige koolluis	Капустная тля	Kålbladlus	Pulgón ceroso de la col
29	Cecidomia dei cavoli	Koolgalmug	Капустный черешковый комарик	Kålgallmygga	Mosquito de la col
30	Altica della rapa e del cavolo	Grote gestreepte aardvlo	Светлоногая блошка	Randig jordloppa	Pulguilla bandeada, de las cruciferas
31	Nottua dei cavoli	Kooluil	Капустная совка	Kålfly	Nóctua de la col
32	Mosca dei cavoli	Kleine koolvlieg	Весенняя капустная муха	Kålfluga	Mosca de la col
33	Punteruolo delle galle dei cavoli	Koolgalsnuitkever	Капустный галловый скрытнохоботник	Blåvingad rapsvivel	Ceutorrinco, Gorgojo de la col
34	Cecidomia dei cavoli	Koolzaadgalmug	Капустная стручковая галлица	Skidgallmygga	Mosquito de la col
35	Aleurode del cavolo	Witte vlieg	Капустная белокрылка	—	Aleurodes de la col
36	Plutella delle crucifere	Koolmotje	Капустная моль	Kålmal	Polilla de la col
37	Cavolaia maggiore	Groot koolwitje	Капустная белянка (капустница)	Kålfjäril	Gran mariposa blanca de la col
38	Rapaiola	Klein koolwitje	Репная белянка (репница)	Rovfjäril	Pequeña mariposa blanca de la col
39	Tignola della cipolla	Preimot	Луковая моль	Lökmal	Polilla del puerro
40	Oziorinco del trifoglio rosso, del pesco, della vite	Lapsnuittor	Люцерновый скосарь (большой люцерновый долгоносик)	Öronvivel	Gorgojo chato del trébol, etc.
41	Maggiolino	Gewone meikever	Западный майский хрущ	Vanlig ollonborre	Escarabajo de San Juan, Cochorro
42	Piralide del mais	Maïsboorder	Стеблевой (кукурузный) мотылек	—	Barrenador del maiz
43	Talpa	Mol	Крот	Mullvad	Topo
44	Grillotalpa	Veenmol	Медведка обыкновенная	Mullvadssyrsa	Alacrán cebollero, Grillo real, calluezo
45	Mosca della pastinaca	Wortelvlieg	Морковная муха	Morotsfluga	Mosca de la zanahoria
46	Punteruolo del papavero	—	Однопятнистый маковый скрытнохоботник	—	Ceutorrinco, Gorgojo de la adormidera
47	Punteruolo della radice del papavero	Blauwmaanzaadsnuitkever	Корневой маковый скрытнохоботник	—	Gorgojo de las raíces de adormidera
48	Altica della colza	Koolzaadaardvlo	Рапсовая блошка (синяя капустная блошка)	Rapsjordloppa	Pulguilla de la colza
49	Meligete della colza e del ravizzone	Koolzaadglanskever	Рапсовый цветоед (блестянка)	Rapsbagge	Escarabajuelo de los nabos
50	Navoncella	Klein geaderd witje	Брюквенная белянка (брюквенница)	Rapsfjäril	Oruga de la colza y del nabo

	Feld- und Gemüsebau a) Tierische Schädlinge	Agricultura cultusque olerum a) noxium genus vel species animalium	Ager- og havebrug a) skadedyr	Field crops and vegetables a) pests	Agriculture et culture maraîchère a) animaux nuisibles
Lfd. Nr.	Deutsch	Lingua latina	Dansk	English	Français
51	Rettichfliege	Chortophila floralis Fall.	Store kålflue	Seed-corn maggot	Mouche de l'échalote
52	Rübenaaskäfer	Blitophaga opaca L.	Matsort ådselbille	Beet carrion beetle	Silphe opaque
53	Rübenblattlaus, Bohnenblattlaus	Doralis fabae Scop., Aphis fabae Scop.	Bedelus	Bean aphid	Puceron noir de la betterave
54	Rübenblattwanze	Piesma quadrata Fieb.	Bedetæge	Beet leaf bug	Punaise de la betterave
55	Rübenblattwespe, Rübenerdfloh	Athalia colibri Christ., A. spinarum F.	Kålhveps	Turnip sawfly	Tenthrède de la rave
56	Rübenfliege	Pegomyia hyoscyami Panz.	Bedeflue	Spinach leaf miner, Mangold fly	Mouche de la betterave
57	Rübennematode	Heterodera Schachtii Schm.	Roeål	Beet eelworm	Anguillule de la betterave
58	Saatschnellkäfer	Agriotes lineatus L.	Smælder	Wireworm, Click-beetle	Taupin, ver fil de fer
59	Schildkäfer, nebeliger	Cassida nebulosa L.	Plette skjoldbille	Clouded shield beetle, Clouded tortoise beetle	Casside de la betterave
60	Schwalbenschwanz	Papilio machaon L.	Svalehale	Common swallow-tail (butterfly)	Grand portequeue
61	Selleriefliege	Acidia heraclei Löw.	Sellerieflue	Celery fly	Mouche du céleri
62	Spargelfliege	Platyparea poeciloptera Schr.	Aspargesflue	Asparagus fly	Mouche de l'asperge
63	Spargelhähnchen	Crioceris asparagi L.	Aspargesbille	Asparagus beetle	Criocère de l'asperge
64	Spargelkäfer	Crioceris duodecimpunctata L.	12-Plettet aspargesbille	Spotted asparagus beetle	Criocère à douze points
65	Weizenackereule	Agrotis tritici L.	Hvedeuglen	White line dart moth	Noctuelle du froment
66	Weizengallmücke	Contarinia tritici Kirb.	Almindelig hvedemyg	Wheat midge	Cécidomyie du blé
67	Wiesenschnake, Erdschnake	Tipula spec., T. paludosa Meig.	Stankelbenlarve	Leatherjacket	Tipule
68	Zwiebelfliege	Hylemyia antiqua Meig.	Løgflue	Onion maggot, Onion fly	Mouche de l'oignon

	Agricoltura ed orticoltura a) parassiti animali	Landbouw en groenteteelt a) schadelijke dieren	Полеводство и овощеводство а) Вредители	Åkerbruk och trädgårdsodling a) skadedjur	Agricultura y horticultura a) animales nocivos
Lfd. Nr.	Italiano	Nederlands	по-русски	Svenska	Español
51	Mosca dello scalogno	Grote koolvlieg	Летняя капустная муха	Större skåfluga	Mosca del chalote
52	Silfa opaca	Bieteaaskever	Гладкий мертвоед	Gulhårig skinnarbagge	Silfa de la remolacha
53	Afide nero della fava	Zwarte boneluis	Свекловичная тля (бобовая тля)	Betbladlus	Pulgón de la remolacha
54	Cimice delle rape, C. della barbabietola	Bietebladwants	Свекловичный листовой клоп	Mållstinkfly, Betstinkfly	Chinche de la remolacha
55	Tendredine delle rape e dei navoni	Knollebladwesp	Рапсовый пилильщик	Kålbladstekel	Falsa oruga de los nabos y coles
56	Mosca delle barbabietole	Bietevlieg	Свекловичная муха	Betfluga	Mosca de la remolacha
57	Anguillula delle barbabietole ecc.	Bietecystenaaltje	Свекловичная нематода	Betnematod, Betål	Anguílula de la remolacha
58	Elateride dei cereali	Gestreepte kniptor	Полосатый щелкун	Randig sädesknäppare	Gusano de alambre, Doradilla
59	Cassida delle barbabietole	Gevlekte schildpadtorretje	Свекловичная щитоноска	Fläckig sköldbagge	Casida de la remolacha
60	Macaone	Koniginnepage	Махаон	Makaonfjäril	Mariposa, Macaón
61	Mosca dei sedani	Selderijvlieg	Борщевичная буравница	Sellerifluga	Mosca del apio
62	Mosca degli asparagi	Aspergevlieg	Спаржевая муха	Sparrisfluga	Mosca del espárrago
63	Criocera degli asparagi	Blauwe aspergekever	Спаржевый листоед	Sparrisbagge	Criocero del espárrago
64	Criocera dai dodici punti	Rode aspergekever	Двенадцатиточечный спаржевый листоед	Tolvfläckig sparrisbagge	Criocero del espárrago de doce puntos
65	Nottua dei cereali	—	Пшеничная совка	Vetejordfly	Rosquilla, Gusano gris
66	Cecidomia del grano	Gele tarwegalmug	Пшеничный комарик	Gul vetemygga	Mosquito del trigo
67	Tipula dei cereali	Langpootmuggen emelten	Вредная долгоножка (корамора)	Kålharkrank	Típula
68	Mosca delle cipolle	Uievlieg, Preivlieg	Луковая муха	Lökfluga	Mosca de la cebolla

	Feld- und Gemüsebau	*Agricultura cultusque olerum*	Ager- og havebrug	**Field crops and vegetables**	*Agriculture et culture maraîchère*
	b) Krankheiten	b) aegrotationes	b) sygdomme	b) diseases	b) maladies
Lfd. Nr.	Deutsch	Lingua latina	Dansk	English	Français
69	**A**nthracnose der Gurkengewächse	Colletotrichum lagenarium Cav.	—	Anthracnose of cucurbits	Anthracnose des cucurbitacées
70	**B**lattbräune der Rübe	Clasterosporium putrefaciens Sacc.	—	—	Pourriture des feuilles de betterave
71	Blattfleckenkrankheit der Rübe	Cercospora beticola Sacc.	Bladpletsyge hos bederoe	Beet leaf spot	Cercosporiose de la betterave
72	Blattfleckenkrankheit der Sellerie	Septoria apii (Br. et Cav.) Chester	Selleribladpletsyge	Celery leaf spot, Late celery blight	Septoriose du céleri
73	Blattfleckenkrankheit der Tomate	Septoria lycopersici Speg.	Bladpletsyge på tomat m. fl.	Tomato leafspot	Septoriose de la tomate
74	Bohnenrost	Uromyces phaseoli (Pers.) Winter	Bønnerust	Bean rust	Rouille des haricots
75	Braunfäule der Tomate	**Bacterium solanacearum Sm.**	—	Brown rot of Solanaceae	Bactériose vasculaire des solanacées
76	Braunflecken- krankheit der Tomate	Cladosporium fulvum Cooke	Fløjelsplet	Leaf mould of tomatoes	Cladosporiose de la tomate
77	Braunrost an Gerste	Puccinia simplex Erikss. et Henn.	Bygrust	Brown rust of barley	Rouille de l'orge
78	Braunrost an Roggen	Puccinia dispersa Erikss. et Henn.	Rugens brunrust	Leaf rust of rye, Brown rust of rye	Rouille brune du seigle
79	Braunrost an Weizen	Puccinia triticina Erikss.	Hvede brunrust	Leaf rust of wheat, Brown rust of wheat	Rouille brune du blé
80	Brennfleckenkrank- heit der Bohne	Colletotrichum lindemuthianum Sacc. et Magn.	Bønnesyge	Anthracnose of beans, Pod canker, Pod spot	Anthracnose du haricot
81	Brennfleckenkrank- heit der Erbse	Ascochyta pisi Lib.	Ærtesyge	Leaf and pod spot of peas	Anthracnose du pois
82	**D**ürrfleckenkrankheit der Kartoffel	Alternaria solani (E. et M.) Jones et Grout	Kartoffelbladpletsyge	Early blight of potato	Alternariose de la pomme de terre
83	**E**rbsenmehltau, echter	Erysiphe polygoni D. C.	Ærte-meldug	Mildew of pea, swede and clovers	Oïdium des légumineuses
84	**F**alscher Mehltau an Salat	Bremia lactucae Regel	Salatskimmel	Downy mildew of lettuce	Blanc ou mildiou de la laitue
85	Falscher Mehltau der Zwiebel	Peronospora Schleideni Ung.	Løgskimmel	Blight of onions	Mildiou de l'oignon
86	Flachsrost	Melampsora liniperda Palm.	Hørrust	Flax rust	Rouille du lin
87	**G**elbrost	Puccinia glumarum (Schm.) Erikss. et Henn.	Gulrust	Yellow rust of cereals and grasses	Rouille jaune
88	Gerstenflugbrand	Ustilago nuda (Jens.) Kell. et Sw.	Nøgen bygbrand	Loose smut of barley	Charbon de l'orge
89	Gerstenhartbrand	Ustilago hordei (Pers.) Kell. et Sw.	Dækket bygbrand	Covered smut of barley	Charbon couvert de l'orge
90	Getreidemehltau	Erysiphe graminis D. C.	Græssernesmeldug	Powdery mildew of cereals and grasses	Blanc des graminées
91	Gurkenkrätze	Cladosporium cucu- merinum Ell. et Arth.	Gummiflod	Scab of cucumbers, Cucumber gummosis	**Cladosporiose** du melon et du concombre

	Agricoltura ed orticoltura	Landbouw en groenteteelt	Полеводство и овощеводство	Åkerbruk och trädgårdsodling	Agricultura y horticultura
	b) malattie	b) ziekten	б) Болезни	b) sjukdomar	b) enfermedades
Lfd. Nr.	Italiano	Nederlands	по-русски	Svenska	Español
69	Antracnosi delle cucurbitacee	Brandvlekkenziekte van de komkommer	Антракноз арбуза	Gurkröta	Antracnosis de las cucurbitáceas, judía. etc.
70	Annerimento delle foglie della bietola	Het zwart van bieten	Оливковая пятнистость сахарной свеклы	—	Manchas de las hojas de la remolacha
71	Cercospora della bietola	Bladvlekkenziekte van de biet	Церкоспороз, или пятнистость листьев свеклы	Bladfläcksjuka på betor	Viruela de las hojas de la acelga y la remolacha
72	Septoriosi delle foglie del sedano	Bladvlekkenziekte bij selderij	Септориоз сельдерея	Bladfläcksjuka på selleri	Manchas de las hojas del apio
73	Septoria del pomodoro	—	Белая пятнистость листьев томатов	—	Manchas de las hojas del tomate
74	Ruggine del fagiolo	Boneroest	Ржавчина фасоли	Bönrost	Roya de las judías
75	Avvizzimento batterico del pomodoro	—	Бактериальное увядание томатов	—	Marchitez bacteriana de la tomatera
76	Ticchiolatura del pomodoro, Macchie nere del pomodoro	Bladvlekkenziekte van de tomaat	Бурая пятнистость томатов	Sammetsfläcksjuka	Manchas negras del tomate
77	Ruggine bruna dell'orzo	Bruine roest (van gerst)	Карликовая ржавчина ячменя	Kornrost, Brunrost på korn	Roya enana de la cebada
78	Ruggine striata della segala	Bruine roest van rogge	Бурая листовая ржавчина ржи	Rågbrunrost, Brunrost på råg	Roya parda del centeno
79	Ruggine bruna del grano	Bruine roest van tarwe	Бурая листовая ржавчина пшеницы	Vetebrunrost, Brunrost på vete	Roya parda del trigo
80	Antracnosi dei fagioli	Vlekkenziekte van de boon	Антракноз фасоли	Bönfläcksjuka	Antracnosis de las judías
81	Antracnosi del pisello	Lichte vlekkenziekte van de erwt	Аскохитоз, пятнистость гороха	Ärtfläcksjuka	Antracnosis de los guisantes
82	Alternaria, Nebbia, Seccume primaverile delle patate	Alternaria-ziekte van de aardappel	Бурая пятнистость пасленовых (томатов)	Torrfläcksjuka	Negrón, Niebla de la patata
83	Oidio delle poligonacee e delle leguminose	Meeldauw van de erwt	Мучнистая роса гороха	Ärtmjöldagg	Mal blanco, Oidio del guisante
84	Peronospora della lattuga	Valse meeldauw van sla	Ложная мучнистая роса салата	Salladbladmögel	Mildiú de la lechuga
85	Peronospora della cipolla	Valse meeldauw van de ui	Ложная мучнистая роса лука	—	Mildiú de la cebolla
86	Ruggine del lino	Vlasroest	Ржавчина льна	Linrost	Roya del lino
87	Ruggine striata del grano, dell'orzo e della segala	Gele roest	Жёлтая ржавчина	Gulrost	Roya amarilla
88	Carbone nudo dell'orzo	Gerstestuifbrand	Пыльная головня ячменя	Kornflygsot, Flygsot på korn	Carbón desnudo de la cebada
89	Carbone coperto dell'orzo	Gerstesteenbrand	Твёрдая головня ячменя	Hårdsot	Tizón de la cebada
90	Nebbia o Mal bianco dei cereali	Meeldauw bij granen	Мучнистая роса злаков	Gräsmjöldagg	Oidio de los cereales
91	Cladosporiosi dei cetrioli	Vruchtvuur bij komkommer	Оливковая пятнистость огурцов	Gurkfläcksjuka	Cladosporiosis de las cucurbitáceas

	Feld- und Gemüsebau	Agricultura cultusque olerum	Ager- og havebrug	Field crops and vegetables	Agriculture et culture maraîchère
	b) Krankheiten	b) aegrotationes	b) sygdomme	b) diseases	b) maladies
Lfd. Nr.	Deutsch	Lingua latina	Dansk	English	Français
92	Gurkenmehltau, echter	Erysiphe cichoriacearum D. C.	Agurkmeldug	Cucumber mildew	Oïdium du melon
93	**H**aferflugbrand	Ustilago avenae (Pers.) Jens.	Nøgen havrebrand	Loose smut of oats	Charbon nu de l'avoine
94	Halmbruchkrankheit	Cercosporella herpotrichoides Fron.	Knækkefodsyge	Stembreak, Eyespot of cereals, Root rot, Culm rot	Piétin verse du blé
95	Herzfäule der Runkelrübe	Mycosphaerella tabifica Prill et Del.	—	Dry heart rot and leaf spot of beet	Pied noir de la betterave
96	**K**artoffelkrebs	Synchytrium endobioticum (Schilb.) Perc.	Kartoffelbrok	Potato wart disease	Gale verruqueuse de la pomme de terre
97	Kartoffelpulverschorf	Spongospora subterranea Wall.	Pulverskurv	Powdery scab of potato	Gale poudreuse des pommes de terre
98	Kartoffelschorf	Actinomyces scabies Güss.	Kartoffelskurv	Corky scab, Deep scab, Common scab	Gale ordinaire de la pomme de terre
99	Kartoffelwelkekankheit	Fusarium oxysporum Sch.	Slimskimmel	Fusarium wilt of potato	Pourriture blanche de la pomme de terre
100	Kleekrebs	Sclerotinia trifoliorum Erikss.	Kløverens knoldbaegersvamp	Stem rot, Wilt of clover and alfalfa, Clover rot	Maladie à sclérotes des légumineuses
101	Kohlhernie	Plasmodiophora brassicae Wor.	Kålbrok	Clubroot	Hernie du chou, gros-pied
102	Kohlmehltau, falscher	Peronospora brassicae Gäum.	Kålskimmel	Downy mildew of brassicae	Mildiou des crucifères
103	Kraut- und Knollenfäule der Kartoffel	Phytophthora infestans de Bary	Kartoffelskimmel	Late blight, Potato blight	Mildiou de la pomme de terre
104	Kronenrost des Hafers	Puccinia coronifera Kleb.	Kronrust	Crown rust of oats and rye grass	Rouille couronnée de l'avoine
105	**M**aisbrand	Ustilago zeae maydis Ung.	Majsbrand	Common smut of corn	Charbon du maïs
106	Mutterkorn	Claviceps purpurea Tul.	Meldrøjer	Ergot	Ergot du seigle
107	**R**oggenstengelbrand	Urocystis occulta Wallr.	Rugens stængelbrand	Stripesmut of rye, Stalk smut	Charbon des tiges de seigle
108	Rübenmehltau, falscher	Peronospora Schachtii Fuck.	Bedeskimmel	Downy mildew of sugar beet	Mildiou de la betterave
109	Rübenwurzelbrand	Phoma betae Frank, Pythium debaryanum Hesse	Rodbrand	Pythium disease, "Damping off", Black leg	Pied noir, Fonte des semis
110	**S**chneeschimmel	Fusarium nivale (Ces.) Sor.	Sneskimmel	Snow mould, Fusarium wilt, Fusarium patch	Fusariose, Moisissure des neiges
111	Schwarzbeinigkeit des Getreides	Ophiobolus graminis Sacc.	Goldfodsyge	Take-all and whiteheads of cereals	Piétin des céréales
112	Schwarzbeinigkeit der Kartoffel	Bacterium phytophthorum Appel	Sortbensyge	Black leg of potatoes	Jambe noire
113	Schwarzfleckenkrankheit der Tomaten	Phoma destructiva Plow.	—	Tomato fruit rot	Pourriture des fruits de la tomate
114	Schwarzrost	Puccinia graminis Pers.	Sortrust	Stem rust, Black rust of cereals and grasses	Rouille noire
115	Stengelfäule der Tomaten	Didymella lycopersici Kleb.	Tomatsyge	Tomato stem rot	Chancre de la tomate

	Agricoltura ed orticoltura	**Landbouw en groenteteelt**	**Полеводство и овощеводство**	**Åkerbruk och trädgårdsodling**	**Agricultura y horticultura**
	b) malattie	b) ziekten	б) Болезни	b) sjukdomar	b) enfermedades
Lfd. Nr.	Italiano	Nederlands	по-русски	Svenska	Español
92	Mal bianco delle cucurbitacee	Meeldauw bij augurken	Мучнистая роса тыквенных	Gurkmjöldagg	Oidio, Mal blanco de las compuestas
93	Carbone dell'avena	Haverstuifbrand	Пыльная головня овса	Havreflygsot	Carbón de la avena
94	Mal del piede dei cereali	Oogvlekkenziekte	Гниль листовых влагалищ и междоузлий злаков	Stråknäckare	Mal del pié de los cereales
95	Mal del cuore della barbabietola	—	Сердцевинная гниль свеклы (микосферелла)	Hjärtröta	Enfermedad del corazón de la remolacha
96	Rogna nera della patata	Aardappelwratziekte	Рак картофеля	Potatiskräfta	Sarna verrugosa de la patata
97	Scabbia polverulenta della patata	Poederschurft	Порошистая парша картофеля	Pulverskorv	Roña pulverulenta de la patata
98	Scabbia della patata	Aardappelschurft	Обыкновенная парша картофеля	Vanlig potatisskorv	Roña común de la patata
99	Marciume secco dei tuberi di patata	Fusarium - verwelkingsziekte	Фузариозное увядание картофеля	—	Fusarioris de la patata
100	Mal dello sclerozio delle leguminose	Klaverkanker	Рак клевера	Klöverröta	Sclerotinia del trébol, Mal del esclerocio
101	Ernia del cavolo	Knolvoet bij kruisbloemigen	Кила крестоцветных (капустная)	Klumprotsjuka	Hernia, Potra de la col
102	Peronospora delle crucifere	Valse meeldauw bij kool	Ложная мучнистая роса крестоцветных	Kålbladmögel	Mildiú de las crucíferas
103	Fitoftora o Peronospora della patata	Aardappelziekte	Фитофтора картофеля (картофельная гниль)	Brunröta	Mildiú, Gangrena de la patata
104	Ruggine coronata dell'avena	Kroonroest bij haver	Корончатая ржавчина овса	Kronrost på havre	Roya coronada de la avena
105	Carbone del granoturco	Builenbrand	Пузырчатая головня кукурузы	Majssot	Carbón del maiz
106	Mal dello sclerozio della segala	Moederkoren	Спорынья	Mjöldryga	Cornezuelo del centeno
107	Carbone del culmo della segala	Stengelbrand van de rogge	Стеблевая головня ржи	Stråsot på råg	Carbón de la paja del centeno
108	Peronospora della bietola	Valse meeldauw bij de biet	Пероноспороз свеклы (ложная мучнистая роса)	Betbladmögel	Peste de los semilleros
109	Mal del cuore della barbabietola	Bietewortelbrand	Корнеед, черная ножка рассады свеклы	Groddbrand, Rotbrand	Podredumbre de la remolacha
110	Mal del piede o Muffa della neve	Sneeuwschimmel	Снежная плесень	Snömögel	Moho de nieve Fusariosis
111	Mal del piede del grano	Tarwehalmdoder	Корневая гниль хлебных злаков	Rotdödare	Mal del pié de los cereales
112	Cancrena della patata	Zwartbenigheid bij aardappel	Черная ножка картофеля	Stjälkbakterios	Podredumbre húmeda de la patata
113	Carie del pomodoro	—	Фомоз томатов	Svartfläcksjuka hos tomater	Podredumbre del tomate
114	Ruggine lineare del grano	Zwarte roest	Стеблевая (линейная) ржавчина злаков	Svartrost	Roya negra de los cereales
115	Cancro o Marciume del fusto del pomodoro	Tomatekanker	Стеблевая гниль томатов	Tomatkräfta	Chancro de la tomatera

	Feld- und Gemüsebau	Agricultura cultusque olerum	Ager- og havebrug	Field crops and vegetables	Agriculture et culture maraîchère
	b) Krankheiten	b) aegrotationes	b) sygdomme	b) diseases	b) maladies
Lfd. Nr.	Deutsch	Lingua latina	Dansk	English	Français
116	Stockkrankheit	Ditylenchus dipsaci Kühn	Stængelål	Stem and eelworm bulb	Anguillule de la tige
117	Streifenkrankheit der Gerste	Helminthosporium gramineum Rab.	Byggets stribesyge	Barley leaf stripe	Maladie striée de l'orge
118	**Weißer Rost der Kreuzblütler**	Albugo candida **Ktze.**	Korsblomsternes hvidrust	White blister of Crucifers, White rust	Rouille blanche des crucifères
119	Weizensteinbrand, Stinkbrand	Tilletia tritici (Bjerk.) Winter	Hvede stinkbrand	Stinking smut, Bunt of wheat, Potato wilt	Carie du blé
120	Welkekrankheit der Kartoffel	Verticillium alboatrum Rke. et Berth.	Krankimmel	Vascular wilt	Maladie jaune
121	Wildfeuer des Tabaks	Bacterium tabacum Wolf. et F., Pseudomonas tabaci Wo. et Fo.	—	Wildfire of tobacco	Bactériose du tabac
122	Wurzelbräune des Tabaks	Thielaviopsis basicola Zopf	—	Black root rot of tobacco	Pourriture des racines
123	Wurzelkropf	Bacterium tumefaciens Sm. et Towns.	Rodhalsgalle	Crown gall	Cancer végétal, Crown-gall
124	Wurzeltöterkrankheit	Rhizoctonia solani Kuhn.	Rodhalsråd; Rodfiltsvamp	Black speck Black scab	Maladie des pousses de pomme de terre

	Agricoltura ed orticoltura b) malattie	Landbouw en groenteteelt b) ziekten	Полеводство и овощеводство 6) Болезни	Akerbruk och trädgårdsodling b) sjukdomar	Agricultura y horticultura b) enfermedades
Lfd. Nr.	Italiano	Nederlands	по-русски	Svenska	Español
116	Anguillula dello stelo	Stengelaaltje	Стеблевая нематода	Stjälknematod Stjälkål	Anguílula de la avena
117	Striatura bruna delle foglie d'orzo	Strepenziekte van de gerst	Полосатая пятнистость ячменя (гельминтоспориоз)	Strimsjuka	Estríado de las hojas de la cebada
118	Ruggine bianca delle crucifere	Witte roest van kruisbloemigen	Бель крестоцветных (белая ржавчина)	—	Roya blanca de las crucíferas
119	Carie del frumento o Volpe	Tarwesteenbrand	Твердая головня пшеницы	Stinksot	Caries del trigo
120	Tracheo-verticilliosi della patata	Ringvuur	Вертициллйозное увядание картофеля	Vissnesjuka	Traqueo-verticilosis de la patata
121	Batteriosi del tabacco	—	Бактериальная рябуха табака и махорки	—	Bacteriosis del tabaco
122	Marciume radicale delle piantine di tabacco	Wortelrot bij tabak	Сухая гниль корней табака	—	Podredumbre de la raíz de las plantitas de tabaco
123	Tumore radicale delle piante	Stengel- en wortelknobbel	Корневой рак (зобоватость)	Rotkräfta, Bakteriekräfta	Cáncer del cuello
124	Rizoctonia della patata	Rhizoctonia-ziekte van de aardappel	Ризоктониоз картофеля	Filtsjuka	Rizoctonia de la patata

	Obstbau	Pomorum cultura	Frugtavel	Fruit-trees	Arboriculture
	a) Tierische Schädlinge	a) noxium genus vel species animalium	a) skadedyr	a) pests	a) animaux nuisibles
Lfd. Nr.	Deutsch	Lingua latina	Dansk	English	Français
125	Apfelbaumgespinstmotte	Hyponomeuta malinella Zell.	Æblespindemøl	Apple ermine moth	Hyponomeute du pommier
126	Apfelbaumglasflüger	Sesia myopaeformis Borck.	—	Small red belted clearwing	Sésie du pommier
127	Apfelblattlaus, grüne	Doralis pomi Deg., Aphis pomi Deg., Aphidula pomi Deg.	Grønne æblebladlus	Green apple aphid	Puceron vert du pommier
128	Apfelblattlaus, rosa	Yezabura malifoliae Ficht., Sappaphis plantaginca	Den røde æblebladlus	Rosy apple aphid	Puceron rose du pommier
129	Apfelblattmotte	Simaethis pariana L.	—	Apple leaf skeletonizer	Teigne des feuilles du pommier
130	Apfelblattsauger	Psylla mali Schmidb.	Æblebladloppe	Apple leaf sucker, Apple sucker	Psylle du pommier
131	Apfelblütenstecher	Anthonomus pomorum L.	Æblesnudebille	Apple blossom weevil	Anthonome du pommier
132	Apfelfaltenlaus, mehlige	Yezabura communis Mordw., Sappaphis c.	—	Mealy apple aphid	Puceron cendré du pommier
133	Apfelmotte	Argyresthia conjugella Zell.	Rønnebærmøl	Apple fruit moth, Apple fruit miner	Teigne du pommier
134	Apfelsägewespe	Hoplocampa testudinea Klg.	Æblehveps	Apple fruit sawfly	Hoplocampe du pommier
135	Apfelschalenwickler	Capua reticulana Hb.	—	Tortrix moth	Tordeuse verte de la pelure
136	Apfelwickler, Obstmade	Carpocapsa (Cydia) pomonella L.	Æblevikler	Codling moth	Carpocapse, "Ver des fruits"
137	Baumweißling	Aporia crataegi L.	Sortåret hvidvinge	Blackveined white	Piéride de l'aubépine
138	Birnblattbuckelwanze	Stephanitis pyri F.	—	Pear lacebug	Tigre du poirier
139	Birnenblattsauger	Psylla pirisuga Foerst	Pærebladloppe	Pear psyllid, Pear sucker	Psylle du poirier
140	Birnengallmücke	Contarinia pirivora Ril.	Pæregalmyg	Pear midge	Cécidomyie des poirettes
141	Birnengespinstwespe, Birnblattwespe	Neurotoma flaviventris Retz.	—	Social pear sawfly	Lyda du poirier
142	Birnenknospenstecher	Anthonomus cinctus Koll.	—	Apple bud weevil	Anthonome d'hiver du poirier
143	Birnenpockenmilbe	Eriophyes piri (Pagst.) Nal.	Pæregalmide	Pear leaf blister mite	Phytopte du poirier
144	Birnensägewespe	Hoplocampa brevis Klg.	Pærehveps	Pear sawfly	Hoplocampe du poirier
145	Birnprachtkäfer	Agrilus sinuatus Oliv.	—	Ringworm	Bupreste du poirier
146	Blattläuse	Aphididae	Bladlus	Aphids	Pucerons
147	Blausieb	Zeuzera pyrina L.	Plettet træborer	Leopard moth, Wood leopard moth	Zeuzère du poirier, Coquette
148	Blutlaus	Eriosoma lanigerum Hausm., Schizoneura lanigera Hausm.	Blodlus	Woolly apple aphid, Woolly aphid	Puceron lanigère
149	Erdbeermilbe	Tarsonemus fragariae Zimm.	Jordbærmide	Cyclamen mite, Tarsonemid mite	Tarsonème du fraisier
150	Erdbeerblütenstecher	Anthonomus rubi Hbst	Hindbærsnudebille	Strawberry blossom weevil	Anthonome du fraisier

	Frutticoltura	**Fruitteelt**	**Плодоводство**	**Fruktodling**	**Fruticultura**
	a) parassiti animali	a) schadelijke dieren	a) Вредители	a) skadedjur	a) animales nocivos
Lfd. Nr.	Italiano	Nederlands	по-русски	Svenska	Español
125	Tignola, Ragno del melo	Appelspinselmot	Яблонная моль	Äpplespinnmal	Arañuelo del manzano, Oruga hilandera
126	Sesia del pero e del melo	Appel sesia	Яблонная стеклянница	Äppleglasvinge	Sesia del manzano
127	Afide verde del melo	Groene appeltakluis	Зеленая яблонная тля	Grön äpplebladlus	Pulgón verde del manzano
128	Afide verdastro del melo	Rose appelbladluis	Розовая яблонная тля	Röd äpplebladlus	Pulgón rosado del manzano
129	Tignola superiore dei fruttiferi	Skeletteermotje	Молелистовертка яблонная (яблонная метелица)	Bredvingad äpplemal	Polilla de las hojas del manzano
130	Psilla del melo	Appelbladvlo	Яблонная медяница	Äpplebladloppa	Psila del manzano
131	Antonomo del melo	Appelbloesemkever	Яблонный цветоед	Äppleblomvivel	Antónomo del manzano
132	Afide verdastro delle foglie del melo	Melige appelbladluis	Серая яблонная тля	—	Pulgón gris del manzano
133	Tignola del sorbo	Lijsterbesmotje	Рябиновая моль	Rönnbärsmal	Polilla de las hojas del manzano
134	Tentredine delle mele	Appelzaagwesp	Яблонный плодовый пилильщик	Äpplestekel	Hoplocampa del manzano
135	Ricamatrice della frutta	Vruchtbladroller	Сетчатая листовертка	Fruktbladvecklare	Polilla de la cáscara de la manzana
136	Carpocapsa, Bruco, Verme delle pere e delle mele	Fruitmotje	Яблонная плодожорка	Äpplevecklare	Polilla de las manzanas, Gusano de las manzanas y peras
137	Pieride del biancospino	Geaderd witje	Боярышница	Hagtornsfjäril	Aporia de los frutales
138	Tingide del pero	Perenetwants	Грушевый клоп	Nätstinkfly	Chinche del peral, Tingido del peral
139	Psilla del pero	Gevlekte perebladvlo	Большая грушевая листоблошка	Större päronbladloppa	Tingido del peral
140	Cecidomia delle perine	Peregalmug	Галлица грушевая	Pärongallmygga	Mosquito del peral, Cecidómido de las peritas
141	Lida del pero	Perespinselbladwesp	Грушевый общественный пилильщик	Päronspinnarstekel	Lida del peral
142	Antonomo del pero	Pereknopkever	Грушевый цветоед	Päronblomvivel	Antónomo del peral, Gorgojo del peral
143	Eriofide del pero	Pokziekte	Грушевый клещик	Pärongallkvalster	Sarna de las hojas del peral
144	Tentredine delle perine	Perezaagwesp	Грушевый плодовый пилильщик	Päronstekel	Hoplocampa del peral
145	Agrilo del pero	Pereringlarve, Pereprachtkever	Златка грушевая	Praktbagge	Agrilo del peral
146	Afidi	Bladluizen	Тли	Bladlöss	Pulgones, Piojillos
147	Zeuzera, Rodilegno giallo	Gele houtrups	Древесница въедливая	Blåfläckig träfjäril	Taladro amarillo de los troncos
148	Afide lanigero del melo	Appelbloedluis	Кровяная тля	Blodlus	Pulgón lanígero del manzano
149	Acaro della fragola	Aardbeimijt	Земляничный клещик	Jordgubbskvalster	Acaro del fresal
150	Antonomo delle fragole e dei lamponi	Aardbeibloesemkever	Малинный долгоносик (малинный цветоед)	Hallonblomvivel Jordgubbsvivel	Antónomo de la fresa y del frambueso

	Obstbau	Pomorum cultura	Frugtavel	Growth of fruit	Arboriculture
	a) Tierische Schädlinge	a) noxium genus vel species animalium	a) skadedyr	a) pests	a) animaux nuisibles
Lfd. Nr.	Deutsch	Lingua latina	Dansk	English	Français
151	Frostspanner, großer	Hibernia defoliaria L.	Store frostmåler	Great winter moth, Mottled umber moth	Phalène défeuillante
152	Frostspanner, kleiner	Cheimatobia brumata L.	Lille frostmåler	Winter moth, Small winter moth	Cheimatobie, Phalène hyémale
153	Gartenlaubkäfer	Phyllopertha horticola L.	Gåsebille	Garden chafer	Hanneton des jardins
154	Goldafter	Euproctis chrysorrhoea L.	Guldhale	Gold tail, Brown tailmoth, Yellow tailmoth	Bombyx chrysorrhée Cul-brun
155	Haselnußbohrer	Balaninus nucum L.	Nøddesnudebille	Nut weevil	Balanin des noisettes
156	Heckenwickler	Cacoecia rosana L.	—	Rose tortrix moth	Tordeuse verte
157	Himbeerblütenstecher	Anthonomus rubi Hbst.	Hindbærsnudebille	Strawberry blossom weevil	Anthonome du fraisier
158	Himbeerkäfer	Byturus tomentosus F.	Hindbærbille	Raspberry beetle	Ver des framboises
159	Holzbohrer, kleiner	Xyleborus saxeseni Ratz.	—	Cosmopolitan ambrosia beetle, Small shot-hole borer	Xylébore, Bostriche xylographe
160	Holzbohrer, ungleicher	Xyleborus (Anisandrus) dispar F.	—	Shot-hole borer	Xylébore disparate
161	Johannisbeerblattlaus	Aphidula grossulariae Kalt.	Stikkelsbærbladlus	Gooseberry aphid	Puceron vert du groseillier
162	Johannisbeergallenblattlaus	Cryptomyzus ribis L.	Ripsbladlus	Currant aphid	Puceron jaune du groseillier
163	Junikäfer	Rhizotrogus solstitialis L.	St. Hans-oldenborre	Summer chafer	Hanneton de la St.-Jean
164	Kirschblattwespe	Caliroa limacina Retz.	Frugttræbladhveps	Pear slug sawfly	Tenthrède limace
165	Kirschblütenmotte	Argyresthia ephippiella Fbr.	Kirsebærmøl	Cherry fruit moth	Teigne des fleurs du cerisier
166	Kirschenblattlaus, schwarze	Myzus cerasi F.	Kirsebærbladlus	Black cherry aphid	Puceron noir du cerisier
167	Kirschfruchtfliege	Rhagoletis cerasi L.	Kirsebærflue	Cherry fruit fly	Mouche des cerises
168	Knospenwickler, grauer	Olethreutes variegana Hbn.	Grå knopvikler	Green budworm	Tordeuse verte des arbres fruitiers
169	Knospenwickler, roter	Tmetocera ocellana L.	Røde knopvikler	Apple bud moth	Ver des bourgeons
170	Kommaschildlaus	Lepidosaphes ulmi L.	Kommaskjoldlus	Mussel scale	Cochenille virgule
171	Maikäfer, Feld-	Melolontha melolontha L.	Oldenborre	European cockchafer	Hanneton commun
172	Mäuse	Muridae	Mus	Mice	Souris
173	Milben	Acarina	Mider	Mites	Acariens
174	Mittelmeerfruchtfliege	Ceratitis capitata Wied.	—	Mediterranean fruit fly	Mouche méditerranéenne des fruits
175	Obstbaumminiermotte	Cemiostoma scitella Zell.	—	Pear leaf blister moth	Mineuse des feuilles du pommier

	Frutticoltura	**Fruitteelt**	**Плодоводство**	**Fruktodling**	**Fruticultura**
	a) parassiti animali	a) schadelijke dieren	a) Вредители	a) skadedjur	a) animales nocivos
Lfd. Nr.	Italiano	Nederlands	по-русски	Svenska	Español
151	Defogliatrice degli alberi fruttiferi	Grote wintervlinder	Пяденица-обдирало	Lindmätare	Falena mayor de los frutales
152	Falena degli alberi da frutto	Kleine wintervlinder	Пяденица зимняя	Frostfjäril	Falena invernal de los frutales
153	Carruga degli orti	Rozekever	Садовый хрущик	Trädgårdsborre	Filoperta de las huertas
154	Bruco peloso degli alberi da frutto	Bastaard satijnvlinder	Златогузка	Äpplerödgump	Mariposa blanca de cola dorada, Oruga de zurrón
155	Balanino delle nocciuole	Hazelnootboorder	Орешниковый долгоносик (ореховый плодожил)	Nötvivel	Diablo, Gorgojo del avellano
156	Tortrice verde, Cacecia	Heggebladroller	Розанная листовертка	Häckvecklare	Oruga cigarrera de los frutales
157	Antonomo delle fragole e dei lamponi	Aardbeibloesemkever	Малинный долгоносик (малинный цветоед)	Hallonblomvivel Jordgubbsvivel	Antónomo del frambueso
158	Verme del lampone	Frambozekever	Малинный жук	Hallonänger, Hallonmask	Verme del frambueso
159	Xileboro, Bostrico delle latifoglie, delle conifere e delle piante da frutto	—	Многоядный непарный короед	Brun vedborre	Barrenillo (xilévoro)
160	Bostrico dispari	Ongelijke schorskever	Западный непарный короед	Svart lövvedborre	Barrenillo dispar
161	Afide, Pidocchio dell'uva spina	Kruisbesseluis	Крыжовниковая тля	Krusbärsbladlus	Pulgón verde del grosellero
162	Afide del ribes	Bloedblaarluis	Красносмородинная тля	Vinbärsbladlus	Pulgón amarillo del grosellero
163	Rizotrogo	Junikever	Июньский хрущ	Pingborre	Rizotrogo
164	Limacina del pero	Slakvormige bastaardrups	Вишневый слизистый пилильщик	Fruktbladstekel	Babosita del peral
165	Tignola dei fiori del ciliegio	Kersebloesemmotje	Вишневая побеговая моль	Körsbärsmal	Polilla de la flor del cerezo
166	Afide nerastro del ciliegio	Zwarte kerseluis	Вишневая тля	Körsbärsbladlus	Pulgón negro del cerezo
167	Mosca delle ciliege	Kersevlieg	Вишневая муха	Körsbärsfluga	Mosca de las cerezas
168	Variegana maggiore	—	Разноцветная плодоая листовертка	Större knoppvecklare	Tortrícido de los frutales
169	Tortricide fulginea delle latifoglie	Rode knopbladroller	Почковая вертунья	Mindre knoppvecklare	Polilla de las yemas de los frutales
170	Cocciniglia a virgola degli alberi da frutto	Kommaschildluis	Яблонная запятовидная щитовка	Kommasköldlus	Serpeta de los frutales
171	Maggiolino	Gewone meikever	Западный майский хрущ	Vanlig ollonborre	Gusano blanco Vacallarín, Cochorro, Jorge,
172	Arvicole	Muisachtigen	Мыши	Möss	Ratones del campo
173	Acari	Mijten	Клещики	Kvalster	Acaros, Arañuelas
174	Mosca della frutta	Middellandse zeevlieg	Средиземноморская плодовая муха	Medelhavsfruktfluga	Mosca mediterránea de las frutas
175	Minatrice concentrica delle foglie del melo	Damschijfmineermot. Appeldamschijfmot	Кружковая моль	Frukträdsminerarmal	Minadora de las hojas del manzano

	Obstbau Schädlinge a) Tierische	Pomorum cultura a) noxium genus vel species animalium	Frugtavl a) skadedyr	Fruit-trees a) pests	Arboriculture a) animaux nuisibles
Lfd. Nr.	Deutsch	Lingua latina	Dansk	English	Français
176	Obstbaumsackträgermotte	Coleophora hemerobiella Sc.	Sækmøl på frugttræer	Grey fruit tree case moth	Coléophore des arbres fruitiers
177	Obstbaumsplintkäfer, großer	Scolytus mali Bechst.	—	Apple bark beetle, Large fruit bark beetle	Scolyte du pommier
178	Obstbaumsplintkäfer, kleiner	Scolytus rugulosus Ratz.	—	Shot hole borer, Small fruit bark beetle	Scolyte rugueux
179	Obstblattminiermotte	Lyonetia clerkella L.	Clerks minérmøl	Apple leaf miner	Chenille mineuse, Mineuse sinueuse
180	Pfirsichblattlaus, blattrollende	Anuraphis persicae niger Smith	—	Black peach aphid	Puceron noir du pêcher
181	Pfirsichblattlaus, grüne	Myzus persicae Sulz.	Ferskenbladlus	Green peach aphid	Puceron gris du pêcher
182	Pfirsichmotte	Anarsia lineatella Zell.	—	Peach twigborer	Teigne du pêcher
183	Pfirsichschildlaus	Eulecanium persicae Lw.	—	Peach scale	Lécanium du pêcher
184	Pfirsichtriebbohrer	Cydia (Laspeyresia) molesta (Bu.) Busk	—	Oriental fruit moth	Tordeuse orientale du pêcher
185	Pflaumenbohrer	Rhynchites cupreus L.	—	Plum borer	Rhynchite cuivré
186	Pflaumensägewespe, gelbe	Hoplocampa flava L.	—	Plum sawfly	Hoplocampe des prunes
187	Pflaumensägewespe, schwarze	Hoplocampa minuta Christ.	Blommehveps	Plum fruit sawfly	Hoplocampe des prunes
188	Pflaumenwickler	Grapholita funebrana Fr., Laspeyresia funebrana Fr.	Blommevikler	Red plum maggot, Plum fruit moth	Carpocapse des prunes
189	Ringelspinner	Malacosoma neustria L.	Ringspinder	European lackey moth	Bombyx à livrée
190	Rosenkäfer, rauhhaariger	Tropinota hirta Poda., Cetonia aurata L.	—	Green rose chafer, Rose chafer	Cétoine velue
191	Rote Spinne, Obstbaumspinnmilbe	Metatetranychus ulmi, Paratetranychus pilosus C. u. F.	Frugttræspindemide	Fruit tree red spider	Araignée rouge
192	Rüsselkäfer	Phyllobius argentatus F.	Løvsnudebille	Silver green leaf weevil	Phyllobius argenté
193	San José Schildlaus	Quadraspidiotus perniciosus Comst.	St. José-skjoldlus	San José scale	Pou de San José
194	Schildlaus, gelbe, austernförmige	Aspidiotus ostreaeformis Curt.	—	Oyster shell scale	Cochenille ostréiforme
195	Schildlaus, rote, austernförmige	Epidiaspis betulae Bär.	—	Pear scale	Cochenille rouge du poirier
196	Schmalbauch	Phyllobius oblongus L.	Løvsnudebille	Brown leaf weevil	Phyllobie coupe-bourgeons
197	Schneckenförmige Blattwespenlarve (Kirschblattwespe)	Caliroa limacina. Retz.	Frugttræbladhvepsen	Pear and cherry slug worm	Tenthrède limace
198	Schwammspinner, großer, Dickkopf, Schwammraupe	Lymantria dispar L.	Løvskovsnonne	Gipsy moth, Brown arches	Bombyx disparate, Spongieuse
199	Stachelbeerblattwespe, gelbe	Pteronus ribesii Scop., Nematus ribesii Scop.	Store stikkelsbærhveps	Gooseberry sawfly, Imported currant worm	Tenthrède jaune du groseillier
200	Stachelbeerblattwespe, schwarze	Nematus appendiculatus Htg.	Lille stikkelsbærhveps	Small gooseberry sawfly	Tenthrède noire du groseillier

	Frutticoltura	**Fruitteelt**	**Плодоводство**	**Fruktodling**	**Fruticultura**
	a) parassiti animali	a) schadelijke dieren	a) Вредители	a) skadedjur	a) animales nocivos
Lfd. Nr.	Italiano	Nederlands	по-русски	Svenska	Español
176	Perforatrice delle foglie dei meli	Kokerrups	Плодовая чехлоноска	—	Coleófora de los frutales
177	Scolito degli alberi da frutto	Appelspintkever	Плодовый заболонник	Större fruktträdssplintborre	Barrenillo grande del manzano
178	Scolito degli alberi fruttiferi	Kleine vruchtboomspintkever	Морщинистый заболонник	Mindre fruktträdssplintborre	Barrenillo menor de los árboles frutales
179	Minatrice bianca delle foglie dei meli	Mineermotje van vruchtbomen	Яблонная минирующая моль	Clercks minerarmal	Minadora de las hojas del manzano
180	Pidocchio nero del pesco	—	Черная персиковая тля	—	Pulgón negro del melocotonero
181	Afide verde del pesco	Groene perzikluis	Персиковая тля (оранжерейная тля)	Persikbladlus	Pulgón verde del melocotonero
182	Tignola del pesco	Perzikscheutboorder	Фруктовая полосатая моль	Persikmal	Polilla del melocotonero
183	Lecanio del pesco, Cocciniglia a barchetta del pesco	Perzikdopluis	Персиковая ложнощитовка	Persiksköldlus	Lecanino del melocotonero
184	Tignola orientale del pesco	Perzikmotje	Восточная плодожорка	Persikvecklare	Polilla oriental del melocotonero
185	Punteruolo delle prugne	—	Сливовый долгоносик (сливовый слоник)	Plommonrullvivel	Picudo cobrizo de las ciruelas
186	Tentredine gialla delle susine	Gele pruimezaagwesp	Черемуховый (желтый) плодовый пилильщик	Gul plommonstekel	Hoplocampa de las ciruelas
187	Tentredine delle susine	Zwarte pruimezaagwesp	Сливовый (малый) плодовый пилильщик	Plommonstekel	Hoplocampa menor de las ciruelas
188	Verme delle susine	Pruimemot	Сливовая плодожорка	Plommonvecklare	Polilla o gusano de las ciruelas
189	Bombice gallonato	Ringelrups	Кольчатый шелкопряд	Ringspinnare	Oruga de librea, Oruga galoneada
190	Cetoniella irta, Cetonia irtella, Tropinota	Ruwharige rozekever	Оленка мохнатая (мохнатая бронзовка)	—	Cetonia velluda
191	Ragno rosso degli alberi fruttiferi	Fruitspint	Красный плодовый клещик	Fruktträdsspinnkvalster	Arañuela roja, Acaro rojo
192	Fillobio argentato	Entknopvreter	Березовый листовой слоник	Metallglänsande lövvivel	Filobio
193	Cocciniglia di San José	San José-schildluis	Калифорнийская щитовка	San José-sköldlus	Piojo de S. José
194	Cocciniglia ostreiforme o gialla del melo e pero	Gewone oestervormige schildluis	Ложнокалифорнийская щитовка (устрицевидная щитовка)	Ostronsköldlus	Cochinilla ostriforme de los frutales
195	Cocciniglia grigia del pero	Rode oestervormige schildluis	Красная грушевая щитовка	—	Cochinilla gris del peral
196	Fillobio oblungo	Behaarde bladsnuitkever	Листовой продолговатый долгоносик	Avlång lövvivel	Gorgojo de las yemas, Filobio roebrotes
197	Limacina del pero	Slakrups	Вишневый слизистый пилильщик	Fruktbladstekel	Babosita del peral
198	Bombice dispari	Plakker	Непарный шелкопряд	Lövskogsnunna	Lagarta peluda de las encinas
199	Tentredine del ribes	bessebladwesp	Желтый крыжовниковый пилильщик	Krusbärsstekel	Tentredino amarillo del grosellero
200	Tentredine nera dell'uva spina	Zwarte bessebladwesp	Малый крыжовниковый пилильщик	—	Tentredino negro del grosellero

	Obstbau a) Tierische Schädlinge	Pomorum cultura a) noxium genus vel species animalium	Frugtavl a) skadedyr	Fruit-trees a) pests	Arboriculture a) animaux nuisibles
Lfd. Nr.	Deutsch	Lingua latina	Dansk	English	Français
201	Stachelbeermilbe, rote	Bryobia praetiosa Koch	Stikkelsbærmide	Gooseberry red spider	Bryobe Araignée rouge
202	Stachelbeerspanner	Abraxas grossulariata L.	Stikkelsbærmåler	Magpie moth, Currant moth	Phalène du groseillier
203	**Weidenbohrer**	Cossus cossus L.	Pileborer Abn. Gedehams	Goat moth	Cossus gâte-bois
204	Wespe, gemeine	Vespa vulgaris L.	Hveps	Common wasp	Guêpe commune
205	Wühlmaus, große, Schermaus	Arvicola terrestris L.	Mosegris	Water vole	Campagnol terrestre
206	Wühlmaus, kurzohrige	Pitymys subterraneus de Selys.	—	Subterranean vole	Campagnol souterrain
207	**Zweigstecher**	Rhynchites coeruleus Deg., Rhynchites interpunctatus	—	Apple twigcutter	Rhynchite coupe-bourgeon
208	Zwetschkenblattlaus	Hyalopterus arundinis F.	Blommebladlus	Mealy plum aphid	Puceron gris **vert** du pêcher
209	Zwetschkenschildlaus	Eulecanium corni Bché.	—	European fruit lecanium, Brown scale	Lécanium du cornouiller

Lfd. Nr.	**Frutticoltura** a) parassiti animali	**Fruitteelt** a) schadelijke dieren	**Плодоводство** а) Вредители	**Fruktodling** a) skadedjur	**Fruticultura** a) animales nocivos
	Italiano	Nederlands	по-русски	Svenska	Español
201	Briobia	Kruisbessespintmijt	Плодовый клещик	Krusbärskvalster	Arañuela, Briobia
202	Geometra del ribes	Harlekijnvlinder	Крыжовниковая пяденица	Krusbärsmätare	Falena del grosellero, oruga geómetra del grosellero
203	Rodilegno rosso	Wilgehoutrups	Пахучий древоточец	Träfjäril	Taladro rojo de los troncos
204	Vespa comune	Gewone wesp	Оса обыкновенная	Vanlig geting	Avispa
205	Arvicola	Woelrat	Водяная крыса	Vattensork Mullsork	Arvícola
206	Topo campagnolo sotterraneo	Ondergrondse woelmuis	Европейская земляная полевка	Kortörad jordsork	Ratón de las mieses, Topillos
207	Punteruolo delle gemme degli alberi fruttiferi	—	Долгоносик-веткорез	Rullvivel	Picudo cortayemas
208	Afide farinoso del pesco	Melige pruimeluis	Тростниковая тля	Plommonbladlus	Pulgón ceroso del melocotonero
209	Cocciniglia del corniolo o Cocciniglia gobba	Gewone dopluis	Акациевая ложнощитовка	Vanlig sköldlus	Lecanino de la vid y de los frutales

	Obstbau	Pomorum cultura	Frugtavl	Fruit-trees	Arboriculture
	b) Krankheiten	b) aegrotationes	b) sygdomme	b) diseases	b) maladies
Lfd. Nr.	Deutsch	Lingua latina	Dansk	English	Français
210	**A**pfelmehltau	Podosphaera leucotricha (Ell. et Ev.) Salm	Æblemeldug	Apple mildew, Powdery mildew	Oïdium du pommier
211	**B**irnengitterrost	Gymnosporangium sabinae (Dicks). Wint.	Gitterrust	—	Rouille grillagée du poirier
212	Birnenschorf	Venturia pirina Ad., Fusicladium pirinum (Lib.) Fuck.	Pæreskurv	Pear scab	Tavelure du poirier
213	Bitterfäule	Gloeosporium fructigenum Berh.	Gloeosporium	(Bitter rot) Gloeosporium rot	Pourriture amère des pommes
214	Blattfallkrankheit der Johannisbeere und Stachelbeere	Pseudopeziza ribis Kleb.	Skivesvamp	Leaf spot of currant and gooseberry	Anthracnose du groseillier
215	**F**euerbrand	Bacillus amylovorus Bur., Erwinia amylovora	—	Fire blight	Maladie bactérienne des rosacées
216	Flechten	Lichenes	Laver	Lichens	Lichens
217	Fleischfleckenkrankheit der Zwetschke	Polystigma rubrum (Pers.) D. C.	—	—	Polystigma
218	**H**allimasch	Armillaria mellea Vuil.	Honningsvamp	Root-rot honey agaric	Pourridié des racines
219	Honigtau, Rußtau	—	Branddug	Fumagine, Honey dew	Fumagine
220	**K**irschenhexenbesen	Taphrina cerasi Fuck.	Heksekost paa kirsebær	Witches'-broom of cherries	Balai de sorcière du cerisier
221	Kirschenschorf	Fusicladium (Venturia) cerasi (Aderh.) Sacc.	Kirsebærskurv	Cherry scab	Tavelure du cerisier
222	Kräuselkrankheit der Pfirsiche	Taphrina deformans Tul.	Ferskenblæresyge	Peach leaf curl	Cloque du pêcher
223	**M**ilch- und Bleiglanz	Stereum purpureum Pers.	Sølvglans	Silver leaf	Plomb des arbres
224	Monilia	Sclerotinia fructigena Schroet.	Gul monilia	Brown rot of apples and pears	Moniliose
225	Moose	Bryophyta	Mos planter	Moss	Mousses
226	**N**arrentaschenkrankheit der Zwetschke	Taphrina pruni Tul.	Blommepunge	Pocket plums, Bladder plums	Maladie des pochettes
227	**O**bstbaumkrebs	Nectria galligena Bres.	Kræft	Apple and pear canker	Chancre du pommier
228	**P**firsichschorf	Fusicladium (Venturia) cerasi Cladosporium carpophilum Thüm.	—	Peach scab	Tavelure du pêcher
229	Pfirsich- und Rosen-Mehltau	Sphaerotheca pannosa Lev.	Rosenmeldug Ferskenmeldug	Powdery mildew of roses and peaches	Oïdium du rosier et du pêcher
230	Pflaumenhexenbesen	Taphrina (Exoascus) insititiae Sad.	Blommeheksekoste	Witches'-broom of plums	Balai de sorcière du prunier
231	**R**utenkrankheit der Himbeere	Didymella applanata (Niessl) Sacc.	Hindbærstængelsyge	Spur blight of raspberry	Didymella, Desséchement des rameaux du framboisier

	Frutticoltura b) malattie	**Fruitteelt** b) ziekten	**Плодоводство** б) Болезни	**Fruktodling** b) sjukdomar	**Fruticultura** b) enfermedades
Lfd. Nr.	Italiano	Nederlands	по-русски	Svenska	Español
210	Oidio, Nebbia del melo	Appelmeeldauw	Мучнистая роса яблони	Äpplemjöldagg	Oidio, Mal blanco del manzano
211	Ruggine del pero	Pereroest	Ржавчина груши	Päronrost, Gelérost	Roya del peral
212	Ticchiolatura del pero	Pereschurft	Парша груши	Päronskorv	Roña de las peras, Moteado del peral
213	Marciume amaro delle mele	Bitterrot van appels	Горькая гниль плодов	Bitterröta Gloeosporiumröta	Podredumbre amarga de la fruta
214	Seccume delle foglie di ribes	Bladvalziekte van de aalbes	Антракноз смородины	Bladfallsjuka	Manchas de las hojas del grosellero
215	Necrosi dei rami del pero e del melo	Bakteriënbrand	Ожог плодовых деревьев	—	Bacteriosis de las rosáceas
216	Licheni	Korstmossen	Лишайники	Lavar	Liquenes
217	Crosteo, Macchie rosse delle foglie del prugno	—	Ожог листьев сливы	—	Costras rojas del ciruelo
218	Marciume radicale	Honingzwam	Опёнок	Honungsskivling	Podredumbre de las raíces
219	Fumaggine della vite	Roetdauw	Медвяная роса	Sotdagg	Fumagina de la vid, negrilla
220	Bolla delle foglie del ciliegio	Heksenbezem	Курчавость листьев вишни и черешни	—	Escoba de bruja del cerezo
221	Ticchiolatura del ciliegio	Kerseschurft	Парша вишни и черешни	Körsbärsskorv	Sarna o roña del cerezo
222	Bolla, Lebbra delle foglie del pesco	Krulziekte bij perzik	Курчавость листьев персика	Persikkrussjuka	Lepra, Abolladura de las hojas del melocotonero y del almendro
223	Mal del piombo	Loodglansziekte	Млечный блеск	Silverglans	Mal del plomo
224	Marciume nero dei frutti di pero e di melo	Monilia-rot	Плодовая гниль	Kärnfruktmögel, Gul monilia	Moho, Podredumbre negra de la fruta
225	Muschi	Mossen	Мхи	Mossor	Musgos
226	Bozzacchioni del susino	Hongerpruimen	Кармашки слив	Pungsjuka	Ciruelas del diablo
227	Cancro del melo e del pero	Neusrot Appelkanker	Рак плодовых деревьев	Frukttradskräfta, Lövträdskräfta	Chancro del manzano
228	Ticchiolatura del pesco	Perzikschurft	—	—	Aperdigonado, cribado de las hojas del melocotonero
229	Oidio della rosa e del pesco	Meeldauw van perzik en roos	Мучнистая роса розы	Rosmjöldagg	Oidio del rosal
230	Scopazzi del susino	Heksenbezem bij pruim	Ведьмина метла	Häxkvast på plommon	Escoba de bruja del ciruelo
231	Disseccamento dei rami di lampone	Twijgsterfte bij framboos	Пурпуровая пятнистость стеблей малины	Hallonskottsjuka	Seca de las ramas del frambueso

	Obstbau	Pomorum cultura	Frugtavl	Fruit-trees	Arboriculture
	b) Krankheiten	b) aegrotationes	b) sygdomme	b) diseases	b) maladies
Lfd. Nr.	Deutsch	Lingua latina	Dansk	English	Français
232	**S**chorf, Apfelschorf	Venturia inaequalis (Cooke) Aderh., Fusicladium dendriticum (Wallr.) Fuck.	Æblekurv	Apple scab, Black spot	Tavelure du pommier
233	Schrotschußkrankheit	Clasterosporium carpophilum (Lev.) Aderh.	Haglskudsyge	Peach shot hole	Maladie criblée
234	Stachelbeermehltau, amerik.	Sphaerotheca mors uvae (Schw.) Berk. et Curt.	Stikkelsbærdræber	American gooseberry mildew	Blanc du groseillier
235	Steinobstkrebs	Pseudomonas mors prunorum Worm.	Bakteriekræft	Cherry and plum canker	Chancre bactérien du cerisier
236	Weißfleckenkrankheit der Birne	Mycosphaerella sentina (Fru.) L.	Pærebladpletsyge	Leaf spot of pears, Leaf fleck of pears	Septoriose du poirier
237	Weißfleckenkrankheit der Erdbeerblätter	Mycosphaerella fragariae (Tul.) L.	Jordbærbladpletsyge	Leaf spot of strawberry	Taches brunes des feuilles du fraisier
238	Wurzelkropf	Bacterium tumefaciens Sm. et Towns., Agrobacterium rubi (Hild.) Starr u. Weiss	Rodhalsgalle	Crown gall	Cancer végétal, Crown-gall
239	Zwetschkenrost	Puccinia pruni spinosae Per.	Blommerust	Plum rust	Rouille du prunier

	Frutticoltura b) malattie	*Fruitteelt* b) ziekten	Плодоводство б) Болезни	*Fruktodling* b) sjukdomar	*Fruticultura* b) enfermedades
Lfd. Nr.	Italiano	Nederlands	по-русски	Svenska	Español
232	Ticchiolatura del melo	Appelschurft	Парша яблони	Äppleskorv, Päronskorv, Körsbärsskorv	Roña, Moteado del manzano
233	Gommosi, Corineo, Perforazione delle foglie delle drupacee	Hagelschotziekte	Клястероспориоз (пятнистость косточковых)	Hagelskottsjuka	Perdigonada de los frutales de hueso
234	Nebbia del ribes	Amerikaanse kruisbessemeeldauw	Американская мучнистая роса крыжовника	Krusbärsmjöldagg	Oidio del grosellero
235	Cancro batterico del ciliegio	Bacteriekanker	Бактериальный рак косточковых	Bakteriekräfta	Chancro bacteriano del cerezo
236	Macchie bianche delle foglie di pero	Bladvlekkenziekte van de peer	Белая пятнистость листьев груши	—	Septoriosis del peral
237	Vaiolatura rossa della fragola	Witte-vlekkenziekte van de aardbei Zwarte-zaadziekte	Белая пятнистость листьев земляники (клубники)	Ögonfläcksjuka	Viruela de las hojas del fresal
238	Tumore radicale delle piante	Wortel- en stengelknobbel	Корневой рак (зобоватость)	Rotkräfta	Tumores de las raíces, agalla del cuello, cáncer vegetal
239	Ruggine del pesco, mandorlo e susino	Pruimeroest	Ржавчина сливы	Plommonrost	Roya del ciruelo

	Weinbau	Vitium cultura	Vinavl	Viniculture	Viticulture
	a) Tierische Schädlinge	a) noxium genus vel species animalium	a) skadedyr	a) pests	a) animaux nuisibles
Lfd. Nr.	Deutsch	Lingua latina	Dansk	English	Français
240	Dickmaulrüßler	Otiorrhynchus sulcatus F.	Væksthussnudebille	Black vine weevil	Otiorrhynque de la vigne
241	Eibischspinnmilbe	Tetranychus althaeae (telarius) v. Hanst.	Væksthus-spindemiden	Red spider mite	Tétranyque tisserand
242	Kräuselmilbe	Epitrimerus vitis Nal., Phyllocoptes vitis Nal.	—	Rust mite	Acariose de la vigne
243	Liebstöckelrüßler	Otiorrhynchus ligustici L.	Lucernens rodgnaver	Alfalfa snout beetle	Otiorrhynque de la livèche
244	Maikäfer, Feld-	Melolontha melolontha L.	Oldenborre	European cockchafer, May bug	Hanneton commun
245	Pockenkrankheit, Rebblattgallmilbe, Weinblattfilzmilbe	Eriophyes vitis Pgst.	Vingalmide	Grape blister mite	Phytopte (érinose) de la vigne
246	Rebenfallkäfer, Schreiber	Bromius (Adoxus) obscurus L.	—	Western grape rootworm	Gribouri, Ecrivain
247	Rebenschildlaus	Eulecanium corni Bché.	Skjoldlus paa vin m. fl.	Brown scale	Lécanium de la vigne
248	Rebenschildlaus, wollige	Pulvinaria betulae (L.) Sign., Pulvinaria vitis	Vinskjoldlus	Woolly currant scale	Cochenille floconneuse, Rouge de la vigne
249	Reblaus	Phylloxera vastatrix Planch.	—	Grape phylloxera, Vine louse	Phylloxéra de la vigne
250	Rebstecher	Byctiscus betulae L.	—	Pear leaf roller	Urbec, Cigarier
251	Sauerampfereule	Agrotis (Tryphaena) pronuba L.	—	Common yellow underwing moth	Noctuelle fiancée
252	Springwurmwickler	Sparganothis pilleriana Schiff.	—	—	Pyrale de la vigne
253	Traubenwickler, bekreuzter	Polychrosis botrana Schiff.	—	Grape fruit (vine) moth	Eudémis
254	Traubenwickler, einbindiger	Clysia ambiguella Hbn.	—	Vine moth, Cochylis moth	Cochylis

	Viticoltura	**Wijnbouw**	**Виноградарство**	**Vinodling**	**Viticultura**
	a) parassiti animali	a) schadelijke dieren	а) Вредители	a) skadedjur	a) animales nocivos
Lfd. Nr.	Italiano	Nederlands	по-русски	Svenska	Español
240	Oziorinco della vite	Gegroefde lapsnuittor	Бороздчатый скосарь	Fårad öronvivel	Otiorrinco de la vid
241	Ragno rosso della vite	Spintmijt	Алтейный красный клещик	Växthusspinnkvalster	Arañuela
242	Acariosi della vite	—	Виноградный войлочный клещик	—	Acariosis de la vid
243	Oziorinco del trifoglio rosso, del luppulo, del pesco, della vite	Lapsnuittor	Люцерновый скосарь (большой люцерновый долгоносик)	Öronvivel	Gorgojo del trébol
244	Maggiolino	Gewone meikever	Западный майский хрущ	Vanlig ollonborre	Escarabajo de San Juan, cochorro, gusano blanco
245	Eriofide della vite	Pokkenziekte van de druif,	Виноградный зудень	Vingallkvalster	Erinosis de la vid
246	Scrivano, Bromio della vite	—	Листоед-корнежил (падучка)	—	Escribano de la vid
247	Cocciniglia della vite e del corniolo	Gewone dopluis	Акациевая ложнощитовка	Vanlig sköldlus	Cochinilla lecanio de la vid
248	Pulvinaria della vite	Gewone wol-dopluis	Виноградная подушечница	Vinsköldlus	Pulvinaria de la vid
249	Filossera della vite	Druifluis	Виноградная филлоксера	Vinlus, Phylloxera	Filoxera de la vid
250	Sigaraio della vite	Sigarebladroller	Многоядный трубковерт (грушевый трубковерт)	Päronrullvivel	Cigarrero de la vid
251	Nottua della vite	Huismoeder	Желтокрылая земляная совка	Stort jordfly	Rosquilla de la vid
252	Piralide della vite	—	Виноградная листовертка	—	Piral de la vid, papeletero de la vid
253	Tignola, Bruco verde della vite	—	Гроздевая листовёртка	Korstecknad druvvecklare	Arañuelo, Hilandero de la vid, Polilla del racimo
254	Tignola dell' uva	—	Двулётная виноградная листовертка (виноградная вертунья)	Vanlig druvvecklare	Gusano de las uvas

	Weinbau	**Vitium cultura**	**Vinavl**	**Viniculture**	**Viticulture**
	b) Krankheiten	b) aegrotationes	b) skadedyr	b) diseases	b) maladies
Lfd. Nr.	Deutsch	Lingua latina	Dansk	English	Français
255	**G**rauschimmel	Botrytis cinerea Pers.	Gråskimmel	Grey mould	Pourriture grise
256	**O**idium, Echter Mehltau	Uncinula necator (Schwein.) Burr., Oidium Tuckeri Berk.	Vinmeldug	Powdery mildew of vine	Oïdium
257	**P**eronospora, Falscher Mehltau	Plasmopara viticola Berl. et de Toni	Vinskimmel	Downy mildew of vine	Mildiou de la vigne
258	**R**oter Brenner	Pseudopeziza tracheiphila Müll. et Th.	--	Red fire disease	Rougeot

	Viticoltura	**Wijnbouw**	Виноградарство	**Vinodling**	**Viticultura**
	b) malattie	b) ziekten	б) Болезни	b) sjukdomar	b) enfermedades
Lfd. Nr.	Italiano	Nederlands	по-русски	Svenska	Español
255	Marciume, Muffa grigia dell' uva	Grauwe schimmel Meiziekte	Серая гниль (плодов, клубники)	Gråmögel	Moho, Botritis, Podredumbre de las uvas
256	Oidio, Mal bianco della vite	Meeldauw van de druif	Мучнистая роса винограда	Vinmjöldagg	Oidio, Ceniza de la vid
257	Peronospora della vite	Valse meeldauw van de druif	Мильдью винограда	Vinbladmögel	Mildiú de la vid, Atabacado, Niebla de la vid
258	Rossore delle foglie di vite	—	Краснуха листьев винограда	Rödbränna	Enrojecimiento de las hojas de la vid

	Ackerunkräuter	Herbae inertes	Agerukrudt	Field weeds	Mauvaises herbes des champs
Lfd. Nr.	Deutsch	Lingua latina	Dansk	English	Français
259	Ackergauchheil	Anagallis arvensis L.	Rød arve	Cure all, Scarlet, Pimpernel	Mouron rouge
260	Ackerknäuel	Scleranthus annuus L.	Enårig knavel	Annual knawel	Scléranthe commun
261	Ackersenf	Sinapis arvensis L.	Agersennep	Charlock	Moutarde des champs, Sanve
262	Ackerwinde	Convolvulus arvensis L.	Ager-snerle	Field bindweed, Cornbine	Petit liseron
263	Ampfer, Haus-	Rumex domesticus Hartm.	By-skræppe	—	Oseille ronde, Rumex
264	Ampfer, kleiner	Rumex Acetosella L.	Rødknæ	Sheep's sorrel	Petite oseille
265	Ampfer, krauser	Rumex crispus L.	Kruset skræppe	Curled dock	Oseille à feuille de patience
266	Ampfer, stumpfblättriger	Rumex obtusifolius L.	Butbladet skræppe	Broad-leaved dock	Patience
267	Barbarakraut, gemeines	Barbaraea vulgaris R. Br.	Alm. vinterkarse	Yellow rocket, Winter cress	Herbe de Sainte Barbe
268	Beifuß, gemeiner	Artemisia vulgaris L.	Gråbynke	Mugwort	Armoise vulgaire
269	Beinwell, gemeiner	Symphytum officinale L.	Lægekulsukker	Common comfrey	Grande consoude
270	Berufskraut, kanadisches	Erigeron Canadensis	Kanadisk bakkestjerne	Horse weed, Canadian fleabane	Vergerette du Canada
271	Brennessel, gemeine (große)	Urtica dioica L.	Stor nælde	Stinging nettle	Grande ortie Ortie dioïque
272	Brennessel, kleine	Urtica urens L.	Liden nælde	Small nettle	Ortie brûlante
273	Distel, Acker-	Cirsium arvense (L.) Scop.	Ager-tidsel	Creeping thistle, Way thistle	Cirse, Chardon des champs
274	Distel, Esels-	Onopordon Acanthium L.	Æselfoder	Scotch thistle	Chardon aux ânes
275	Distel, Gänse-, Sau-	Sonchus arvensis L.	Ager-svinemælk	Corn sow thistle, Field milk thistle	Laiteron des champs
276	Distel, Kohlsau-	Sonchus oleraceus L.	Alm. svinemælk	Sow thistle, Milk thistle	Laiteron maraîcher
277	Distel, lanzettblättrige	Cirsium lanceolatum (L.) Hill	Horse-tidsel	Spear thistle, Bull thistle	Chardon à feuilles lancéolées
278	Distel, nickende Stachel-	Carduus nutans L.	Nikkende tidsel	Musk thistle	Chardon penché
279	Ehrenpreis, Acker-	Veronica agrestis Oeder	Flerfarvet ærenpris	Field speedwell	Véronique des champs
280	Ehrenpreis, efeublättriger	Veronica hederaefolia L.	Vedbend-ærenpris	Ivy-leaved speedwell	Véronique à feuille de lierre
281	Ehrenpreis, Feld-	Veronica arvensis L.	Mark-ærenpris	Wall speedwell, Corn speedwell	Véronique

	Erbe infestanti	Akkeronkruiden	Сорные растения	Åkerogräs	Malas hierbas de los campos
Lfd. Nr.	Italiano	Nederlands	по-русски	Svenska	Español
259	Anagallide	Guichelheil	Очный цвет пашенный	Rödarv	Murajes
260	Centigrani	Eenjarige hardbloem	Дивала однолетняя	Grönknavel	Escleranto anual
261	Senape	Herik	Горчица полевая	Åkersenap	Mostaza silvestre
262	Vilucchio	Akkerwinde	Вьюнок полевой	Åkervinda	Corregüela menor, Campanicas
263	—	—	Щавель домашний	Gårdskräppa	Acedera redonda
264	Acetosa minore	Schapezuring	Щавелёк	Bergsyra	Acedera menor, Acederilla, Vinagrerita
265	Romice	Krulzuring	Щавель курчавый	Krusskräppa	Lengua de vaca
266	Romice comune	Ridderzuring	Щавель туполистный	Tomtskräppa	Lengua de vaca
267	Barbarea	Barbarakruid	Сурепка обыкновенная	Sommargyllen	Hierba de Santa Bárbara, Hierba de los carpinteros
268	Artemisia	Bijvoet	Полынь обыкновенная	Gråbo	Artemisa
269	Consolida maggiore	Smeerwortel	Окопник лекарственный	Vallört	Sinfito mayor Consuelda mayor
270	Impia	Kanadese fijnstraal	Мелколепестник канадский	Kanada-binka	Altabaca, Olivarda, Hierba impía
271	Ortica comune	Grote brandnetel	Крапива двудомная	Brännässla	Ortiga mayor, Ortiga grande
272	Ortica piccola	Kleine brandnetel	Крапива жгучая	Etternässla	Ortiga menor, Ortiga común
273	Stoppione	Akkerdistel	Бодяк колючий (бодяк полевой)	Åkertistel	Cardo cundidor
274	Acanzio	Wegdistel	Татарник обыкновенный	Ulltistel, Kardtistel	Cardo borriquero
275	Crespino dei campi	Akkermelkdistel	Осот полевой	Fettistel	Cerraja, Lechuguilla
276	Cicerbita	Gewone melkdistel	Осот огородный	Mjölktistel	Cerraja, Lechuguilla silvestre
277	Cirsio	Speerdistel	Бодяк ланцетолистный	Vägtistel	Cardo espinoso
278	Cardo rosso	Knikkende distel	Чертополох поникший	Nicktistel	Cardo rojo
279	Pavarina	Akkerereprijs	Вероника пашенная	Åkerärenpris	Verónica agreste
280	Morso di gallina	Klimopbladige ereprijs	Вероника плющелистная	Murgrönsärenpris	Té de Europa
281	Ederella	Velderereprijs	Вероника полевая	Fältärenpris	Verónica

	Ackerunkräuter	Herbae inertes	Agerukrudt	Field weeds	Mauvaises herbes des champs
Lfd. Nr.	Deutsch	Lingua latina	Dansk	English	Français
282	Feuerröschen, Sommerteufelsauge	Adonis aestivalis L.	Adonis	Pheasant's eye	Adonis d'été, Goutte de sang
283	Fingerkraut, kriechendes	Potentilla reptans L.	Krybende potentil	Creeping cinquefoil	Potentille
284	Flughafer	Avena fatua L.	Flyve-havre	Wild oat, Bastard oat	Folle avoine
285	Franzosenkraut, Gängelkraut	Galinsoga parviflora Cavan.	Håret kortstråle	Gallant soldier	Galinsoga
286	Fuchsschwanz, rauhhaariger gemeiner	Amaranthus retroflexus L.	Opret amarant	Red-root pigweed, Love-lies-bleeding	Amarante
287	Gänsefuß, weißer	Chenopodium album L.	Hvidmelet gåsefod	Fat hen	Chénopode ansérine
288	Hahnenfuß, Acker-	Ranunculus arvensis L.	Ager-ranunkel	Cock's foot, Corn crowfoot, Corn buttercup	Renoncule des champs
289	Hahnenfuß, kriechender	Ranunculus repens L.	Lav ranunkel	Creeping buttercup, Creeping crowfoot	Renoncule rampante
290	Hahnenfuß, scharfer	Ranunculus acer L.	Bidenede ranunkel	Meadow buttercup	Renoncule âcre
291	Hederich	Raphanus Raphanistrum L.	Kiddike	Wild radish, White charlock	Ravenelle
292	Herbstzeitlose	Colchicum autumnale L.	Høsttidløs	Common meadow saffron, Naked ladies, Autumn crocus	Colchique
293	Hirtentäschel	Capsella Bursa pastoris (L.) Med.	Hyrdetaske	Shepherd's purse, Shepherd's pouch	Bourse à pasteur
294	Hohlzahn, Acker- Ackerhanfnessel	Galeopsis Ladanum L.	Sand-hanekro	Red hempnettle	Chambreule, Galéopsis des champs
295	Hohlzahn, gelblich-weißer, bunte Hanfnessel	Galeopsis speciosa Mill.	Hamp-hanekro	Common hempnettle	Gueule de chat, Galéopsis orné
296	Hohlzahn, gemeiner	Galeopsis Tetrahit L.	Alm. hanekro	Downy hempnettle	Ortie royale
297	Huflattich	Tussilago Farfara L.	Følfod	Coltsfoot	Pas-d'âne, Tussilage
298	Kamille, echte	Matricaria Chamomilla L.	Vellugtende kamille	Wild chamomile, German chamomile	Fausse camomille
299	Kamille, geruchlose	Matricaria inodora L.	Lugtløs kamille	Horse daisy, Scentless mayweed, Corn mayweed	Matricaire inodore
300	Klatschmohn	Papaver Rhoeas L.	Kornvalmue	Corn poppy, Red poppy	Coquelicot
301	Klette, gemeine	Arctium Lappa L.	Glat burre	Great burdock, Common burdock	Glouteron, Bardane
302	Knöterich, ampferblättriger	Polygonum lapathifolium L.	Bleg pileurt	Pale persicaria	Renouée à feuilles de patience

	Erbe infestanti	Akkeronkruiden	Сорные растения	Åkerogräs	Malas hierbas de los campos
Lfd. Nr.	Italiano	Nederlands	по-русски	Svenska	Español
282	Adonide	—	Адонис летний	Sommaradonis	Flor de Adonis, Ojo de perdiz, Saltaojos
283	Pentafillo	Vijfvingerkruid	Лапчатка ползучая	Revfingerört	Cinco en rama, Pié de Cristo
284	Avena selvatica	Wilde haver, Oot	Овес пустой (овсюг обыкновенный)	Flyghavre	Avena loca, Ballueca, Cogula
285	Galinsoga	Knopkruid	Галинсога мелкоцветная	Gängel	Galinsoga
286	Amaranto	Papegaaienkruid	Ширица запрокинутая	Svin-amarant	Amaranto
287	Farinaccio	Witte ganzevoet	Марь обыкновенная (марь белая)	Svinmålla	Cenizo, ceñigio, cenizo blanco
288	Ranuncolo dei campi	Akkerboterbloem	Лютик полевой	Åkersmörblomma	Ranúnculo
289	Crescione selvatico	Kruipende boterbloem	Лютик ползучий	Revsmörblomma	Botón de oro
290	Ranuncolo	Scherpe boterbloem	Лютик едкий	Vanlig smörblomma	Botón de oro, Hierba bélida
291	Rafanistro	Knopherik	Редька полевая	Åkerrättika	Rabaniza común, Rabanillo
292	Colchico	Herfsttijloos	Безвременник осенний	Tidlösa	Villorita Colchico de otoño
293	Borsa pastorizia	Herderstasje	Пастушья сумка обыкновенная	Lomme	Bolsa de pastor, Zurrón de pastor, Paniquesillo
294	Gallinaccia	Raai	Пикульник ладанниковый	Mjukdån	Cáñamo silvestre
295	Canapa selvatica	Dauwnetel	Пикульник заметный	Hampdån	Cáñamo silvestre
296	Canapa selvatica	Gewone hennepnetel	Пикульник обыкновенный	Pipdån	Cáñamo bastardo, Galeopsis erizado
297	Farfaro	Klein hoefblad	Мать-мачеха обыкновенная	Hästhov	Tusílago, Uña de caballo, Uña de asno
298	Camomilla	Echte kamille	Ромашка аптечная	Kamomill	Manzanilla de Aragón, Manzanilla bastarda, Manzanilla loca
299	Matricaria selvatica	Reukloze kamille	Ромашка непахучая	Baldersbrå	Manzanilla inodora
300	Rosolaccio, Papavero	Klaproos	Мак самосейка	Kornvallmo	Amapola, Ababol
301	Bardana	Grote klis	Лопушник большой	Stor kardborre	Bardana mayor, Lampazo
302	Persicaria maggiore	Duizendknoop	Горец развесистый (гречиха развесистая)	Vanlig pilört	Persicaria mayor

	Ackerunkräuter	Herbae inertes	Agerukrudt	Field weeds	Mauvaises herbes des champs
Lfd. Nr.	Deutsch	Lingua latina	Dansk	English	Français
303	Knöterich, Floh-	Polygonum Persicaria L.	Ferskenbladet pileurt	Lady's thumb, Redshank	Persicaire douce
304	Knöterich, windenartiger	Polygonum Convolvulus L.	Snerle-pileurt	Black bindweed	Renouée liseron
305	Kornblume	Centaurea Cyanus L.	Kornblomst	Cornflower, Bluebottle	Bleuet
306	Kreuzkraut, gemeines	Senecio vulgaris L.	Alm. brandbæger	Groundsel	Séneçon commun
307	Labkraut, Kletten-, klebendes	Galium Aparine L.	Burre-snerre	Catchweed, Cleavers, Goose grass	Gaillet gratteron
308	Löwenzahn, Maiblume	Taraxacum officinale Web.	Mælkebøtte	Common dandelion	Dent-de-lion, Pissenlit
309	Melde, gemeine	Atriplex patulum L.	Svine-mælde	Common orache	Arroche étalée
310	Melde, spießblättrige	Atriplex hastatum L.	Spyd-mælde	Common orache	Bonne dame, Arroche sauvage
311	Nachtschatten, schwarzer	Solanum nigrum L.	Sort natskygge	Black nightshade	Morelle noire
312	Pestwurz	Petasites hybridus (L.) Fl. Wett.	Rød hestehov	Butterbur	Pétasite vulgaire
313	Pfeilkresse, stengelumfassende	Lepidium Draba, L., Cardaria Draba Desv.	Hjerteskulpet karse	Hoary cress	Passerage, Pain blanc
314	Pfennigkraut, Feld-	Thlaspi arvense L.	Pengeurt	Pennycress	Tabouret des champs
315	Rauke, feinblättrige	Sisymbrium Sophia L.	Finbladet vejsennep	Flixweed	Sisymbre sagesse
316	Rauke, gemeine	Sisymbrium officinale (L.) Scop.	Rank vejsennep	Hedge mustard	Sisymbre officinal
317	Schachtelhalm, Acker-	Equisetum arvense L.	Ager-padderokke	Common horsetail	Prêle, Queue de rat
318	Schachtelhalm, Sumpf-	Equisetum palustre L.	Kær-padderokke	Marsh horsetail	Queue de cheval
319	Schotendotter, lackartiger	Erysimum cheiranthoides L.	Gyldenlak-hjørneklap	Treacle mustard	Vélar fausse giroflée
320	Steinsame, Acker-	Lithospermum arvense L.	Agerstenfrø	Stoneseed, Corn gromwell	Grémil des champs
321	Stiefmütterchen	Viola tricolor L.	Alm. stemoderblomst	Corn pansy, Heartsease	Pensée sauvage
322	Sumpfzist	Stachys paluster L.	Kærgaltetand	Marsh woundwort	Epiaire des marais
323	Taubnessel, rote	Lamium purpureum L.	Rød tvetand	Red deadnettle	Ortie rouge
324	Vogelknöterich	Polygonum aviculare L.	Vej-pileurt	Knotgrass, Knotweed	Renouée des oiseaux

	Erbe infestanti	Akkeronkruiden	Сорные растения	Åkerogräs	Malas hierbas de los campos
Lfd. Nr.	Italiano	Nederlands	по-русски	Svenska	Español
303	Persicaria	Perzikkruid	Горец почечуйный (гречишка почечуйная)	Åkerpilört	Persicaria, Pimentilla, Hierba pejiguera
304	Convolvulo nero	Zwaluwtong	Горец вьющийся (гречишка вьюнковая)	Åkerbinda	Corregüela
305	Fiordaliso	Korenbloem	Василек синий	Blåklint	Aciano, Azulejo
306	Erba Calderina	Gewoon kruiskruid	Крестовник обыкновенный	Vanlig korsört	Hierba cana
307	Aparine	Kleefkruid	Подмаренник цепкий	Snärjmåra	Amor de hortelano, Hierba del amor
308	Dente di leone, Soffione	Paardebloem	Одуванчик аптечный	Maskros	Amargón, Diente de león
309	Erba correggiola	Uitstaande melde	Лебеда раскидистая	Gårdmålla	Armuelle silvestre
310	Atriplice comune	Spiesbladmelde	Лебеда копьевидная	Flikmålla	Armuelle de marisma
311	Erba morella	Zwarte nachtschade	Паслен черный	Nattskatta	Solano negro, Hierba mora
312	Cavolaccio	Groot hoefblad	Подбел гибридный	Pestskråp	Sombrerera, Tusílago mayor
313	Cocola	Pijlkruidkers	Клоповник крупковидный	Välsk krasse	Falsa Coclearia
314	Erba storna	Witte krodde	Ярутка полевая	Penningört	Carraspique, Telaspios
315	Erba Sofia, Accipitrina	Sophiekruid	Дескурения софия	Dillsenap	Ajenjo seriño, Hierba de los cirujanos, Hierba de la sabiduría
316	Erba cornacchia	Raket	Гулявник лекарственный	Vägsenap	Erismo, Hierba de los cantores, Hierba de San Alberto
317	Coda cavallina	Heermoes, Akkerpaardestaart	Хвощ полевой	Åkerfräken	Cola de caballo menor, Cola de rata
318	Correggiola minore	Lidrus, Moeraspaardestaart	Хвощ болотный	Kärrfräken	Cola de caballo
319	Erisimo	Steenraket	Желтушник левкойный	Åkergyllen	Erismo
320	Strigolo selvatico	Ruw parelzaad	Воробейник полевой	Sminkrot	Abremanos, Mijo de sol agreste
321	Viola del pensiero	Driekleurig viooltje	Анютины глазки, фиалка трёхцветная	Styvmorsviol	Pensamiento silvestre, Trinitaria, Hierba de la Trinidad
322	Erba strega	Moerasandoorn	Чистец болотный	Knölsyska	Ortiga hedionda
323	Ortica falsa	Paarse dovenetel	Яснотка пурпуровая	Rödplister	Ortiga muerta
324	Correggiola	Varkensgras	Горец птичий (гречишка птичья)	Trampgräs	Sanguinaria mayor, Hierba de las calenturas, Lengua de pájaro

Ackerunkräuter	Herbae inertes	Agerukrudt	Field weeds	Mauvaises herbes des champs
Lfd. Nr. Deutsch	Lingua latina	Dansk	English	Français
325 Vogelmiere	Stellaria media (L.) Vill.	Alm. fuglegræs	Chickweed	Mouron des oiseaux
326 Wegerich, Breit-	Plantago maior L.	Glat vejbred	Greater plantain, Way bread	Grand plantain
327 Wegerich, Spitz-	Plantago lanceolata L.	Lancet vejbred	Ribwort plantain, Rib grass	Plantain lancéolé
328 Wicke, Vogel-	Vicia Cracca L.	Muse-vikke	Tufted vetch, Bird's-tares	Vesce craque
329 Wicke, rauhhaarige, Zitter-Wicke	Vicia hirsuta (L.) S. F. Gray	Lådden vikke	Hairy tare, Hairy vetch	Vesceron
330 Windhalm	Agrostis spica venti L. Apera spica venti Pal.	Hvene	Bent, Fiorin	Epi du vent, Agrostis
331 Wucherblume, gemeine, Orakelblume	Chrysanthemum Leucanthemum L.	Hvid okseøje	Ox-eye daisy	Chrysanthème des moissons
332 Zackenschote, orientalische	Bunias Orientalis L.	Takkeklap	Bunias, Sweet silique	Bunias

	Erbe infestanti	Akkeronkruiden	Сорные растения	Åkerogräs	Malas hierbas de los campos
Lfd. Nr.	Italiano	Nederlands	по-русски	Svenska	Español
325	Centocchio	Muur	Звездочка мокрица (звездчатка средняя)	Våtarv	Hierba pajarera, Pamplina
326	Piantaggine	Smalle weegbree	Подорожник большой	Groblad	Llantén mayor
327	Cinquenervi	Smalle weegbree	Подорожник ланцетолистный	Svartkämpar	Llantén menor, Correola
328	Veccia piccola, Crocca	Vogelwikke	Горошек мышиный	Kråkvicker	Alverja menor
329	Tentennino	Ringelwikke	Горошек волосистый	Duvvicker	Alverja erizada
330	Spica venti	Windhalm	Метлица обыкновенная	Åkerven	Hierba fina, Agrostis
331	Cota-buona, Margherita	Margriet	Нивяник обыкновенный	Prästkrage	Margarita mayor
332	Bunia orientale	Bunias	Свербига восточная	Ryssgubbe	Bunia de Oriente

	Forst	Silva	Skov	Forest	Cultures forestières
	a) Tierische Schädlinge	a) noxium genus vel species animalium	a) skadedyr	a) pests	a) animaux nuisibles
Lfd. Nr.	Deutsch	Lingua latina	Dansk	English	Français
333	**A**usrufungszeichen	Agrotis exclamationis L.	Udråbstegnugle	Heart and dart moth	Noctuelle point d'exclamation
334	**B**aumweißling	Aporia crataegi L.	Sortåret hvidvinge	Blackveined white	Piéride de l'aubépine
335	Bienenschwärmer	Sesia (Trochilium) apiforme L.	—	Poplar hornet clearwing	Sésie du peuplier
336	Birkennestspinner, Wollafter	Eriogaster lanestris L.	Uldhale	Small-egger moth	Bombyx laineux
337	Birkensplintkäfer	**Scolytus** ratzeburgi Jans	Birkbarkbille	Birch sapwood borer	Scolyte
338	Blausieb	Zeuzera pyrina L.	Plettet træborer	Leopard moth, Wood leopard moth	Zeuzère du poirier, Coquette
339	Buchenfrostspanner	Cheimatobia boreata Hbn.	Birkefrostmåler	Northern winter moth	Arpenteuse du hêtre
340	Buchenspringrüßler	Orchestes fagi L.	Bøgeloppe	Beech-leaf miner beetle	Orcheste du hêtre
341	**D**rahtwurm, Schnellkäferlarve	Elateridae	Smælderlarve	Wireworms	Taupin, Ver fil de fer
342	**E**ichenprozessions- spinner	Thaumatopoea processionea L.	Ege-processions- spinder	Processionary moth, Procession caterpillar	Processionnaire **du chêne**
343	Eichenwickler, grüner	Tortrix viridana L.	Egevikler	Green oak leaf roller	Tordeuse verte du chêne
344	Erdraupe, Wintersaateulenraupe	Agrotis segetum Schiff.	Ageruglen	Turnip moth, Cutworm	Noctuelle des moissons
345	Erlenblattkäfer, blauer	Agelastica alni L.	—	Alder-tree beetle	Galéruque de l'aulne
346	Erlenwürger	Cryptorrhynchus lapathi L.	—	Poplar and willow borer	Charançon, Cryptorhynque de l'aulne
347	Eschenbastkäfer, bunter	Hylesinus fraxini Panz.	—	Common ash bark beetle	Hylésine du frêne
348	Eschenbastkäfer, doppeläugiger	Polygraphus polygraphus L.	—	—	Scolyte
349	Eschenbastkäfer, großer schwarzer	Hylesinus crenatus F.	—	Large ash bark beetle	Hylésine crénelé
350	Eschenbastkäfer, kleiner schwarzer	Hylesinus oleiperdus F.	—	—	Ciron, Taragnon, Hylésine de l'olivier
351	**F**ichtenbastkäfer, schwarzer	Hylastes cunicularius Er.	—	—	Hylésine mineur de l'épicéa
352	Fichtenblattwespe, kleine	Lygaeonematus abietinus Christ.	—	—	Némate de l'épicéa
353	Fichtenborkenkäfer, 8-zähniger, Buchdrucker	Ips typographus L.	Typograf	Eight-dentated bark beetle	Bostryche de l'épicéa
354	Fichtenborkenkäfer, gekörnter	Cryphalus abietis Ratz.	—	—	Bostryche granuleux
355	Fichtenborkenkäfer, 6-zähniger, Kupferstecher	Pityogenes chalcographus L., Ips chalcographus L.	—	Six-dentated bark beetle	Bostryche chalcographe
356	Fichten-Gespinst- blattwespe	Lyda hypotrophica Htg., **Cephaleia abietis L.**	—	—	Lyda de l'épicéa

	Silvicoltura a) parassiti animali	Bosbouw a) schadelijke dieren	Лес a) Вредители	Skog a) skadedjur	Bosque a) animales nocivos
Lfd. Nr.	Italiano	Nederlands	по-русски	Svenska	Español
333	Nottua punto esclamativo	Aardrups	Совка восклицательная	Åkerjordfly	Nóctua de la admiración
334	Pieride del biancospino	Geaderd witje	Боярышница	Hagtornsfjäril	Mariposa blanca de les frutales
335	Sesia apiforme del pioppo	Populieresesia	Большая тополевая стеклянница	Allmän poppelglasvinge	Falsa Abeja del Chopo
336	Bombice del ciliegio	Woldrager	Шелкопряд пушистый	Björkspinnare, Ullgump	Bombícido lanudo
337	Scolito della betulla	Berkespintkever	Заболонник берёзовый	Björksplintborre	Barrenillo del abedul
338	Zeuzera, Rodilegno giallo	Gele houtrups	Древесница въедливая	Blåfläckig träfjäril	Taladro amarillo de los troncos
339	Falena del faggio	—	Северная зимняя пяденица	Björkfrostmätare	Geómetra del haya
340	Orcheste del faggio	Beukespintkever	Минирующий долгоносик (прыгун) буковый	Bokbladminerare	Gorgojo del haya
341	Ferretti, Bisciole, Elateridi	Koperworm, Ritnaald	Щелкуны (проволочники)	Knäpparlarv	Doradillas, Gusanos de alambre, Alambrillos
342	Processionaria della quercia	Processierups	Походный шелкопряд дубовый	Ekprocessions-spinnare	Procesionaria de la encina
343	Tortrice verde delle querce	Groene eikebladroller	Листовёртка дубовая или зелёная	Ekvecklare	Brugo, Lagarta pequeña de la encina
344	Nottua dei seminati	Aardrups	Озимая совка	Sädesbroddflylarv	Nóctua común de las mieses, Gusanos grises, Rosquillas
345	Crisomela dell'ontano	Elzehaantje	Листоед ольховый	Blå allövbagge	Crisomela del aliso
346	Punteruolo del salice e del pioppo	Elzesnuitkever	Долгоносик ольховый (скрытнохоботник)	Alvivel	Gorgojo del álamo y del sauce
347	Ilesino del frassino	Essebastkever	Малый ясеневый лубоед	Fläckig askbastborre	Barrenillo menor del fresno
348	Ilesino poligrafo	Tweeogige sparre-schorskever	Пушистый полиграф	Dubbelögad bastborre	Hilesino polígrafo
349	Grande ilesino del frassino	Grote zwarte essebastkever	Большой ясеневый лубоед	Svart askbastborre	Gran barrenillo del fresno
350	Ilesino dell' olivo	Kleine zwarte essebastkever	Масличный лубоед	—	Barrenillo del Olivo, Hilesino del Olivo
351	Ilaste dell'abete rosso	Zwarte sparre-schorskever	Еловый корнежил	Svart granbastborre	Hilesino del abeto rojo
352	Nemato dell'abete	Sparrebladwesp	Пихтовый (еловый) пилильщик	Liten gransågstekel	—
353	Bostrico tipografo	Achttandig bastkevertje	Короед-типограф	Attatandad barkborre, Granbarkborre	Barrenillo tipógrafo
354	Crifalo dell'abete rosso	Gekorrelde sparre-schorskever	Еловый крифал	Strimmig granborre	Barrenillo del abeto
355	Bostrico calcografo	Kopersteker, Zestandige sparreschorskever	Короед-гравёр	Sextandad barkborre	Barrenillo pequeño de los abetos
356	Lida degli abeti	Sparrespinsel-bladwesp	Пилильщик-ткач еловый	Större granspinnarstekel	Lida del abeto, Barrenillo común del olivo

	Forst a) Tierische Schädlinge	Silva a) noxium genus vel species animalium	Skov a) skadedyr	Forest a) pests	Cultures forestières a) animaux nuisibles
Lfd. Nr.	Deutsch	Lingua latina	Dansk	English	Français
357	Fichtenpissodes, Harzrüsselkäfer	Pissodes harcyniae Hbst.	—	—	Pissode résineux
358	Frostspanner, großer	Hibernia defoliaria L.	Store frostmåler	Mottled umber moth, Great winter moth	Phalène défeuillante
359	Frostspanner, kleiner	Cheimatobia brumata L.	Lille frostmåler	Winter moth, Small winter moth	Chéimatobie, Phalène hyémale
360	Gammaeule	Plusia gamma L.	Gammaugle	Common silvery moth	Noctuelle gamma
361	Goldafter	Euproctis chrysorrhoea L.	Guldhale	Brown tailmoth, Gold tail, Yellow tailmoth	Bombyx chrysorrhée, Cul-brun
362	Holzbohrer, ungleicher	Xyleborus (Anisandrus) dispar F.	—	Shot-hole borer	Xylébore disparate
363	Hornisse	Vespa crabro L.	Stor gedehams	Hornet, Giant hornet	Guêpe frelon, Frelon
364	Kiefernbastkäfer, schwarzer	Hylastes ater Payk.	—	Black pine bast beetle	Hylésine noir du pin
365	Kiefernblattkäfer, gelber	Cryptocephalus pini L.	—	—	Chrysomèle jaune du pin
366	Kiefernborkenkäfer, 6-zähniger	Ips acuminatus Gyllh.	—	Sharp-dentated bark beetle	Bostryche à 6 dents
367	Kiefernborkenkäfer, 12-zähniger	Ips sexdentatus Boern.	Tolvtandede barkbille	Six-dentated bark beetle	Scolyte
368	Kiefern-Buschhornblattwespe, gelbköpfige	Lophyrus (Diprion) pini L.	Bladhvepse	Pine sawfly	Lophyre du pin
369	Kiefern-Buschhornblattwespe, rotgelbe	Lophyrus (Diprion) sertifer Geoff.	—	Fox coloured sawfly	Lophyre roux
370	Kieferneule	Panolis flammea Schiff.	Fyrreugle	Pine beauty	Noctuelle du pin
371	Kiefernknospentriebwickler	Evetria buoliana Schiff.	Fyrreskudvikleren	Pine shoot moth	Pyrale des pousses
372	Kiefern-Kultur-Kotsack-Gespinstblattwespe	Lyda campestris L., Acantholyda hieroglyphica Christ	—	—	Lyda champêtre
373	Kiefernkulturpissodes	Pissodes notatus F.	—	Minor pine weevil	Pissode du pin
374	Kiefernprozessionsspinner	Thaumatopoea pinivora Tr.	—	Procession moth	Bombyx pinivore
375	Kiefernsaateule	Agrotis vestigialis Rott.	—	Archer's dart	Noctuelle des pins
376	Kiefernschwärmer, Tannenpfeil	Hyloicus (Sphinx) pinastri L.	Fyrresværmer	Pine hawk	Sphinx du pin
377	Kiefernspanner	Bupalus piniarius L.	Fyrremåler	Pine moth, Bordered white	Arpenteuse, Phalène du pin
378	Kiefernspinner	Dendrolimus pini L.	Fyrrespinder	Pine lappet moth	Bombyx du pin
379	Kupferglucke	Gastropacha quercifolia L.	—	Common lappet moth	Bombyx feuille morte

	Silvicoltura	Bosbouw	Лес	Skog	Bosque
	a) parassiti animali	a) schadelijke dieren	а) Вредители	a) skadedjur	a) animales nocivos
Lfd. Nr.	Italiano	Nederlands	по-русски	Svenska	Español
357	Pissode dell'abete rosso	Harssnuitkever	Смолёвка еловая	Granvivel	Pisodes resinoso
358	Defogliatrice degli alberi fruttiferi	Grote wintervlinder	Пяденица-обдирало	Lindmätare	Falena deshojadora o desfoliadora
359	Falena degli alberi fruttiferi	Kleine wintervlinder	Пяденица зимняя	Frostfjäril	Falena invernal
360	Nottua gamma	Gamma-uil	Совка-гамма	Gammafly	Nóctua gamma, Mariposa gamma
361	Bruco peloso degli alberi da frutto	Bastaard satijnvlinder	Златогузка	Äpplerödgump	Mariposa blanca de cola dorada, Oruga de zurrón
362	Bostrico dispari	Ongelijke schorskever	Западный непарный короед	Svart lövvedborre	Barrenillo desigual
363	Calabrone	Hoornaar, Horentje	Шершень	Bålgeting	Avispón
364	Ilaste nero dei pini	Zwarte dennebastkever	Норнежил сосновый	Svart tallbastborre	Hilesino negro del pino
365	Criptocefalo del pino	Geel dennehaantje	Скрытоголов сосновый	—	Criptocéfalo del pino
366	Bostrico acuminato	Zestandige denneschorskever	Вершинный короед	Skarptandad barkborre	Barrenillo puntiagudo
367	Bostrico dai sei denti	Grote denneschorskever	Короед-стенограф	Tolvtandad barkborre	Barrenillo dentado
368	Lofiro, Tentredine del pino	Dennenbastaardrups, Dennebladwesp	Обыкновенный сосновый пилильщик	Vanlig tallstekel	Lofiro, Falsa oruga del pino
369	Lofiro rosso del pino	Rode dennebladwesp	Рыжий сосновый пилильщик	Röd tallstekel	Lofiro rojo del pino
370	Nottua del pino	Gestreepte dennerups	Сосновая совка	Tallfly	Nóctua pierdepinos
371	Tortrice delle gemme apicali dei pini	Dennelotrups	Побеговьюн зимующий	Tallskottvecklare	Brugo de los pinos
372	Lida dei pini	Dennespinselbladwesp	Одиночый пилильщик-ткач	Gulvingad tallspinnarstekel	Lida de los pinos
373	Pissode notato	Kleine dennesnuitkever	Смолёвка сосновая точечная	Mindre tallvivel	Pisodes manchado del pino
374	Processionaria del pino	Denneprocessierups	Походный шелкопряд сосновый	Tallprocessionsspinnare	Procesionaria del pino
375	Nottua del pino	Dennezaaduil	Серая корневая совка	Barrträdsjordfly	Nóctua del pino
376	Sfinge del pino	Dennepijlstaart	Сосновый бражник	Tallsvärmare	Esfinge del pino
377	Geometra dei pini	Dennespanner	Сосновая пяденица	Tallmätare	Geómetra del pino
378	Bombice del pino	Dennespinner	Сосновый шелкопряд	Tallspinnare	Lasiocampa del pino
379	Bombice foglia di quercia	Eikenblad	Дуболистный шелкопряд	—	Gastropaca

	Forst a) Tierische Schädlinge	Silva a) noxium genus vel species animalium	Skov a) skadedyr	Forest a) pests	Cultures forestières a) animaux nuisibles
Lfd. Nr.	Deutsch	Lingua latina	Dansk	English	Français
380	**L**ärchenblattwespe	Lygaeonematus erichsoni Htg.	Lærkebladhveps	Larch sawfly	Tenthrède du mélèze
381	Lärchenborkenkäfer, 8-zähniger	Ips cembrae Heer.	—	Bark beetle	Grand bostryche du mélèze
382	Lärchenminiermotte	Coleophora laricella Hbn.	Lærkesækmøl	Larch casebearer, Larch leaf miner	Teigne mineuse du mélèze
383	Lärchenwickler, grauer	Semasia diniana Gn.	—	Gray larch moth	Pyrale grise du mélèze, Pyrale grise
384	**M**aikäfer, Feld-	Melolontha, melolontha L.	Oldenborre	European cockchafer	Hanneton commun
385	Maulwurfsgrille, Werre	Gryllotalpa vulgaris L.	Jordkrebs	Mole-cricket, Earth crab, Jarr worm	Courtilière commune, **Taupe-grillon**, Taupette
386	Mondfleck	Phalera bucephala L.	Måneplet	Buff-tip moth	Bombyx bucéphale
387	**N**onne	Lymantria monacha L.	Nonne	Black arches, Nun moth	Nonne, Bombyx moine
388	Nutzholzborkenkäfer linierter, Nutzholzbohrer,	Xyloterus lineatus Oliv.	—	Ambrosia beetle	Bostryche liséré
389	**O**bstbaumsplintkäfer, großer	Scolytus mali Bechst.	—	Apple bark beetle, Large fruit bark beetle	Scolyte du pommier
390	Obstbaumsplintkäfer, kleiner	Scolytus rugulosus Ratz.	—	Small fruit bark beetle, Shot-hole borer	Scolyte rugueux
391	Ohrwurm, gemeiner, Ohrenhöhler	Forficula auricularia L.	Ørentvist	Common earwig, Ear-piercer	Forficule, Perce-oreilles
392	**P**appelblattkäfer	Melasoma populi L.	—	—	Chrysomèle du peuplier
393	Pappelbock, großer	Saperda carcharias L.	Poppelbuk	Large poplar longhorn, Poplar borer	Saperde chagrinée
394	Pappelbock, kleiner	Saperda populnea L.	Aspebuk	Small poplar borer, Small poplar longhorn	Saperde du tremble, Saperde du peuplier
395	Pappelschwärmer	Amorpha populi L., Smerintus populi L.	Poppelsværmer	Poplar hawk	Sphinx du peuplier
396	Pinienprozessionsspinner	Thaumetopoea pityocampa Schiff.	—	Procession moth	Processionaire du pin
397	**R**iesenameise	Camponotus ligniperda Latz.	Kæmpemyre	Carpenter ant.	Fourmi
398	Riesenbastkäfer	Dendroctonus micans Kugel.	—	European spruce beetle	Hylésine géant
399	Ringelspinner	Malacosoma neustria L.	Ringspinder	European lackey moth	Bombyx à livrée
400	Rotschwanz, Buchenspinner	Dasychira pudibunda L.	Bøgenonne	Red tail moth, Hop dog, Pale tussock	Orgyie pudibonde, Orgyie du hêtre
401	Rüsselkäfer, großer brauner	Hylobius abietis L.	Store brune	Large brown pine weevil	Hylobe du pin
402	Rüsselkäfer, großer schwarzer	Otiorrhynchus niger L.	Snadebille	Snout beetle	Grand charançon noir

	Silvicoltura	**Bosbouw**	**Лес**	**Skog**	**Bosque**
	a) parassiti animali	a) schadelijke dieren	a) Вредители	a) skadedjur	a) animales nocivos
Lfd. Nr.	Italiano	Nederlands	по-русски	Svenska	Español
380	Tentredine del larice	Grote lariksbladwesp	Большой лиственничный пилильщик	Stor lärkstekel	Falsa oruga del alerce
381	Bostrico del pino cembro	Achttandige lariksschorskever	Западноевропейский лиственничный короед	—	Bostrico del alerce
382	Minatrice delle foglie di larice	Lariksmot	Лиственничная чехлоноска	Lärkträdsmal	Minadora de las hojas del alerce
383	Tortrice dei larici	Grauwe lariksbladroller	Лиственничная листовёртка	Lärkträdsvecklare	Torcedora (Tortrix) del alerce
384	Maggiolino	Gewone meikever	Западный майский хрущ	Vanlig ollonborre	Cochorro, Escarabajo de San Juan, Gusano blanco
385	Grillotalpa	Veenmol	Медведка обыкновенная	Mullvadssyrsa	Alacrán cebollero
386	Bucefala	Wapendrager	Лунка серебристая	Oxhuvudspinnare	Bucéfala
387	Monaca	Nonvlinder	Шелкопряд-монах (монашенка)	Nunna, Barrskogsnunna	Mariposa monja
388	Bostrico lineato	Gestreepte timmerhoutschorskever	Хвойный полосатый древесинник	Randig vedborre	Bostrico estríado de las coníferas
389	Grande scolito degli alberi da frutto	Appelspintkever	Яблонный (плодовый) заболонник	Större fruktträdssplintborre Kärnfruktsplintborre	Barrenillo grande del manzano
390	Piccolo scolito degli alberi fruttiferi	Kleine vruchtboomspintkever	Морщинистый заболонник	Mindre fruktträdssplintborre, Stenfruktsplintborre	Barrenillo de los árboles frutales
391	Forfecchia	Oorworm	Уховертка большая	Tvestjärt	Tijereta
392	Crisomela del pioppo	Grote populierehaan	Листоед тополевый	Aspglansbagge	Crisomela del chopo
393	Saperda maggiore del pioppo	Grote populierboktor	Скрипун большой осиновый	Större aspvedbock	Saperda de los chopos
394	Saperda minore del pioppo	Kleine populierboktor	Скрипун малый осиновый	Mindre aspvedbock	Saperda pequeña de los chopos
395	Sfinge del pioppo	Populierepijlstaart	Тополевый бражник	Poppelsvärmare	Esfinge del álamo
396	Processionaria del pino	Denneprocessierups	Походный шелкопряд пиниевый	—	Procesionaria de los pinos
397	Formica mordilegno	Reuzemier	Большой муравей	Hästmyra	Hormiga carpintera
398	Ilesino gigante dell'abete rosso	Sparrebastkever	Большой еловый лубоед	Jättebastborre	Hilesino gigante del abeto rojo
399	Bombice gallonato	Ringelrups	Кольчатый шелкопряд	Ringspinnare	Oruga de librea, Oruga galoneada
400	Dasichira	Beukeroodstaartrups	Краснохвост	Bokspinnare	Pudorosa
401	Ilobio dell'abete	Grote dennesnuitkever	Большой сосновый долгоносик	Snytbagge	Gorgojo del abeto, Hilobio del abeto
402	Oziorinco nero dei pini, larici ed abeti	Grote zwarte lapsnuitkever	Черный скосарь	Öronvivel	Oziorrinco negro de las coníferas

	Forst a) Tierische Schädlinge	Silva a) noxium genus vel species animalium	Skov a) skadedyr	Forest a) pests	Cultures forestières a) animaux nuisibles
Lfd. Nr.	Deutsch	Lingua latina	Dansk	English	Français
403	**S**chaumzikade	Philaenus spumarius L.	Skumcikade	European spittle insect, Meadow froghopper, Cuckoospit insect	Aphrophore écumeuse, crachat de coucou
404	Schlehenspinner, Aprikosenspinner	Orgyia antiqua L.	Penselspinder	Vapourer moth, Tussock moth	Orgye antique
405	Schwammspinner, großer Dickkopf, Schwammraupe	Lymantria dispar L.	Løvskovsnonne	Gipsy moth, Brown arches	Bombyx disparate, Spongieuse
406	Spanische Fliege	Lytta vesicatoria L.	Spansk flue	Spanish fly, Blister fly	Cantharide
407	**T**annenborkenkäfer, gekörnter	Cryphalus piceae Ratz.	—	—	Petit Bostryche du sapin
408	Tannenborkenkäfer, krummzähniger	Ips (Pityokteines) curvidens Germ.	—	Bark beetle	Bostryche curvidenté
409	Tannenstammlaus	Dreyfusia piceae Ratz.	Granlus (stammeform)	Balsam woolly aphid	Chermès cortical du sapin pectiné
410	Tannentrieblaus, gefährliche Tannenrindenlaus	Dreyfusia nüsslini Börn.	Granlus (skudform)	—	—
411	Tannentriebwickler	Cacoecia murinana Hbn.	Dødningeur	—	Tordeuse du sapin blanc
412	Totenuhr, Nagekäfer	Anobium punctatum Deg., Anobium striatum Oliv.	Stribet borebille	Death watch, Common furniture beetle, Wood worm	Horloge de la mort, Vrillette domestique
413	**U**lmenblattkäfer	Galerucella luteola Müll.	—	Elm leaf beetle	Galéruque de l'orme
414	Ulmenschildlaus, Kommaschildlaus	Lepidosaphes ulmi L.	Kommaskjoldlus	Mussel scale	Cochenille virgule
415	Ulmensplintkäfer, großer	Scolytus scolytus F.	—	Large elm bark beetle	Grand scolyte de l'orme
416	Ulmensplintkäfer, kleiner	Scolytus multistriatus Marsh.	—	Smaller elm bark beetle	Petit scolyte de l'orme
417	**W**aldgärtner, großer	Myelophilus piniperda L.	—	Pinebark beetle, Larger pith borer	Hylésine du pin
418	Waldgärtner, kleiner	Myelophilus minor Htg.	—	Lesser pine shoot beetle, Minor pith borer	Hylésine mineur du pin
419	Weidenblattkäfer, gelber	Lochmaea capreae L.	Pilebladbille	Elm tree beetle	Galéruque du saule
420	Weidenblattkäfer, großer roter, Pappelblattkäfer	Melasoma populi L.	Poppelbladbille	Red poplar leaf beetle	Chrysomèle du peuplier
421	Weidenblattkäfer, kleiner roter, Espenblattkäfer	Melasoma tremulae F.	—	Unspotted aspen leaf beetle	Chrysomèle du tremble
422	Weidenbohrer	Cossus cossus L.	Pileborer	Goat moth	Cossus gâte-bois
423	Weidenkahnspinner	Earias clorana L.	—	Osier green moth	—
424	Weidenspinner, Pappelspinner	Stilpnotia salicis L.	Atlaskspinder	Satin moth	Bombyx du saule
425	Weißer Bärenspinner	Hyphantria cunea D.	—	Fall webworm	Ecaille fileuse
426	Wintersaateule, Erdraupe	Agrotis segetum Schiff.	Agerugle	Turnip moth, Cutworm	Noctuelle des moissons
427	**Z**irbenborkenkäfer, 8-zähniger	Ips amitinus Schedl.	—	—	Grand Bostryche du Pin cembro

| | Silvicoltura | Bosbouw | Лес | Skog | Bosque |
| | a) parassiti animali | a) schadelijke dieren | a) Вредители | a) skadedjur | a) animales nocivos |
Lfd. Nr.	Italiano	Nederlands	по-русски	Svenska	Español
403	Sputacchina	Schuimbeestje	Пенница слюнявая	Spottstrit	Espumadora
404	Bombice antico	Witvlakvlinder	Античаня волнянка	Fjädertofsspinnare, Aprikosspinnare	Mariposa viejecita
405	Bombice dispari	Plakker	Непарный шелкопряд	Lövskogsnunna	Lagarta peluda de las encinas
406	Cantaride	Spaanse vlieg	Шпанская муха	Spansk fluga	Cantárida oficinal
407	Crifalo dell'abete bianco	Gekorrelde denneschorskever	Западный крифал	—	Barrenillo pequeño del abeto blanco
408	Bostrico dai denti curvi	Kromtandige denneschorskever	Крючкозубый короед	—	Barrenillo del abeto blanco
409	Afide dei rami di abete bianco	Dennewolluis	Пихтовый хермес	Silvergranlus	Pulgón de las ramas del abeto blanco
410	Afide dei germogli degli abeti	Denneluis	—	Ädelgranbarrlus	Pulgón de los brotes del abeto blanco
411	Tortrice degli abeti	Dennebladroller	Пихтовая листовертка-толстушка	—	Tortrix del abeto
412	Anobio ostinato, Tarlo dei mobili	Doodsklopper	Мебельный точильщик	Dödsur, Strimmig trägnagare	Carcoma de los muebles
413	Galerucella luteola dell'olmo	Iepehaantje	Ильмовый листоед	Almbladbagge	Galuerca del olmo
414	Cocciniglia a virgola degli alberi da frutto	Kommavormige schildluis	Яблонная запятовидная щитовка	Kommasköldlus	Serpeta del olmo y de los frutales
415	Grande scolito dell'olmo	Grote iepespintkever	Заболонник-разрушитель	Större almsplintborre	Gran barrenillo del olmo
416	Piccolo scolito dell'olmo	Kleine iepespintkever	Заболонник струйчатый	—	Barrenillo pequeño del olmo
417	Mielofilo distruttore dei pini	Dennenscheerder	Большой лесной садовник	Större märgborre	Mielófilo pierdepinos
418	Mielofilo minore	Kleine dennen scheerder	Малый лесной садовник	Mindre märgborre	Mielófilo pequeño del pino
419	Galerucella delle piante da frutto	Wilgehaantje	Ивовый желтый листоед	Sälgbladbagge	Galeruca del sauce
420	Crisomela del pioppo	Grote populierehaan	Листоед топольевый	Aspglansbagge	Crisomela del chopo
421	Crisomela del pioppo tremolo	Kleine populierehaan	Осиновый листоед	Mindre aspglansbagge	Crisomela del chopo temblón
422	Rodilegno rosso	Wilgehoutrups	Пахучий древоточец	Träfjäril	Taladro rojo de los troncos
423	Nottua delle gemme dei salici	Groene wilgespinner	Шиповатый червь	Grönt pilfly	Earias de los sauces
424	Bombice bianco del salice	Satijnvlinder	Ивовая волнянка	Videspinnare, Pilvitgump	Mariposa plateada de los álamos
425	Ifantria americana	—	Американская белая бабочка медведица	Amerikansk björnspinnare	Hifantria de los frutales
426	Nottua delle messi, Nottua dei seminati	Aardrups	Озимая совка	Sädesbroddfly	Nóctua común de las mieses, Gusanos grises, rosquillas
427	Bostrico delle conifere	Achttandige pijn-boomschorskever	—	—	Bostrico de las coníferas

	Forst	**Silva**	**Skov**	**Forest**	**Cultures forestières**
	b) Krankheiten	b) aegrotationes	b) sygdomme	b) diseases	b) maladies
Lfd. Nr.	Deutsch	Lingua latina	Dansk	English	Français
428	**E**ichenmehltau	Microsphaera alphitoides G. et M.	Ege-meldug	Oak mildew	Oïdium du chêne
429	**F**euerschwamm der Buche	Formes fomentarius (L. Fr.) Kickx., Polyporus fomentarius L.	Ild-poresvamp	White trunk rot	Amadouvier
430	Feuerschwamm, falscher	Formes igniarius (L.) Gill., Polyporus igniarius L.	Tøndersvamp	Common white wood rot, Tinder fungus	Faux amadouvier
431	Fichtennadelrost	Chrysomyxa abietis (Wallr.) Ung.	Granrust	Needle rust of the spruce	Rouille de l'épicéa
432	**K**ieferndrehrost	Melampsora pinitorqua Rostr.	Knækkesygerust	Branch rust of Scots pine	Rouille courbeuse
433	Kiefernrinden- blasenrost	Cronartium pini Willd., Cronartium asclepiadeum Fries.	Blærerust	—	Peridermium
434	Kiefernschütte	Lophodermium pinastri (Schr.) Chev.	Fyrrens sprække- svamp	Leaf cast of pine and fir	Maladie rouge du pin
435	**L**ärchenkrebs	Trichoscyphella willkommii (Hart.) Nannf., Dasyscypha willkommii Hart.	Lærkekræft	Larch canker	Chancre du mélèze et du pin sylvestre
436	Lärchenschütte	Mycosphaerella laricina Hartig	—	Larch needle cast	Mycosphaerella
437	**P**appelrindenbrand	Dothichiza populae Sacc. et Be.	—	European canker of poplar	Chancre du peuplier
438	Pappelrost	Melampsora populina Kleb.	Poppelrust	—	Rouille du peuplier
439	**U**lmensterben	Ophiostoma ulmi Bi.	Elmerust	Dutch elm diseases, Elm blight	Maladie de l'orme
440	**W**eymouthskiefern- blasenrost	Cronartium ribicola Dietr.	Weymouthsfyrrens blærerust	Blister rust of five- needle pines, Currant rust	Rouille vésiculeuse du pin Weymouth

| | **Silvicoltura** | **Bosbouw** | **Лес** | **Skog** | **Bosque** |
	b) malattie	b) ziekten	б) Болезни	b) sjukdomar	b) enfermedades
Lfd. Nr.	Italiano	Nederlands	по-русски	Svenska	Español
428	Mal bianco della quercia	Eikemeeldauw	Мучнистая роса дуба	Ekmjöldagg	Oidio del roble
429	Fungo del salice	Vuurzwam	Настоящий трутовик	Eldticka	Hongo yesquero
430	Fungo dell'esca	Echte tonderzwam	Ложный трутовик	Fnösketicka	Falso hongo yesquero
431	Ruggine dell'abete rosso	Sparrenaaldenroest	Ржавчина сосновой хвои	Granrost	Roya del abeto rojo
432	Ruggine curvatrice dei rami del pino	Dennendraaiziekte	Сосновый вертун	Knäckesjuka, Vridrost	Roja torcedora del pino
433	Ruggine vescicolosa della scorza di pino	Blaasroest van de den	Рак серянка	Tallens törskaterost	Roya vesiculosa del pino
434	Arrossamento delle foglie del pino	Denneschotziekte	Шютте	Tallskytte	Enrojecimiento y caída de las hojas del pino
435	Cancro del faggio, del larice e del melo	Larikskanker	Рак лиственницы	Lärkkräfta	Chancro del alerce y del haya
436	Defogliazione del larice	—	Пятнистость хвои лиственницы	Lärkskytte	Defoliación del alerce
437	Cancro del pioppo canadese	Schorsbrand bij populier	Рак ценангиевый тополя	Poppelkräfta	Chancro del chopo
438	Ruggine del pioppo	Populiereroest	Ржавчина тополя	Poppelrost	Roya del chopo
439	Moria dell'olmo	Iepeziekte	Голландская болезнь ильмовых пород	Almsjuka	Grafiosis del olmo, Enfermedad holandesa de los olmos
440	Ruggine vescicolosa del pino Weymouth, Ruggine del ribes	Roest van vijfnaaldige den	Столбчатая ржавчина смородины	Weymouth-tallens törskaterost	Roya del grosellero

	Vorratsschädlinge	Malefici copiarum rerum	Forraadsskadedyr	Pests in stored supplies	Ravageurs des denrées alimentaires
Lfd. Nr.	Deutsch	Lingua latina	Dansk	English	Français
441	Deutsche Schabe, Hausschabe	Periplaneta germanica L.	Tysk kakerlak Ærtetrøbille	German cockroach	Cafard germanique, Blatte germanique
442	Erbsenkäfer	Bruchus pisorum L.	Ærtsmyg	Pea weevil, Pea beetle	Bruche des pois
443	Feldmaus	Arvicola arvalis, A. agrestis L.	Markmus	Field mouse, Field vole, Harvest mouse	Campagnol des champs
444	Hausmaus	Mus musculus L.	Husmus	House mouse	Souris
445	Hausratte	Rattus rattus L.	Sort rotte	Black rat, House rat	Rat noir
446	Kornkäfer	Calandra granaria L.	Kornbille	Grain weevil	Charançon du blé
447	Kornmotte	Tinea granella L.	Kornmøl	European grain moth	Teigne des grains
448	Mehlkäfer	Tenebrio molitor L.	Melskrubbe	Mealworm, Meal-beetle	Ver de farine
449	Mehlmotte	Ephestia kühniella Zell.	Melmøl	Mediterranean flour moth	Teigne de la farine
450	Ohrwurm, gemeiner	Forficula auricularia L.	Ørentvist	Ear-piercer, Common earwig	Perce-oreilles
451	Pferdebohnenkäfer	Bruchus rufimanus Boh.	Bønnefrøbille	Broad bean weevil, European bean weevil	Bruche des fèves
452	Reiskäfer	Calandra oryzae L.	Risbille	Rice weevil	Charançon du riz
453	Silberfischchen	Lepisma saccharina L.	Sølvkræ	Silverfish, Sugar-mite	Poisson d'argent, Petit poisson d'argent
454	Wanderratte	Rattus norvegicus Berk.	Vandrerotte	Brown rat	Surmulot

Lfd. Nr.	**Parassiti delle derrate immagazzinate** Italiano	**Vooraadsinsekten** Nederlands	**Вредители с. х. складов и запасов** по-русски	**Förrådsskadedjur** Svenska	**Parásitos de los almacenes** Español
441	Blattella germanica	Huiskakkerlak	Обыкновенный таракан (прусак)	Tysk kackerlacka	Cucaracha rubia
442	Tonchio, Bruco del pisello	Erwtenkever	Гороховая зерновка	Ärtsmyg	Gorgojo del guisante
443	Arvicola campagnola	Aardmuis	Обыкновенная полевка	Åkersork	Ratón de campo
444	Topo domestico	Huismuis	Домовая мышь	Husmus	Ratón casero
445	Ratto delle cantine e dei solai	Zwarte rat	Черная крыса	Svart råtta	Rata negra
446	Calandra, Punteruolo del grano	Graanklander	Амбарный долгоносик	Kornvivel	Gorgojo del trigo
447	Falsa Tignola del grano	Korenmot	Зерновая моль	Kornmal	Falsa polilla del grano
448	Tenebrione mugnaio	Meeltor	Мучной хрущак	Mjölbagge	Tenebrio molinero
449	Tignola grigia delle provviste alimentari	Meelmot	Мельничная огневка	Kvarnmott	Polilla gris de la harina
450	Forfecchia	Oorworm	Уховертка большая	Tvestjärt	Tijereta
451	Tonchio delle fave	Tuinbonekever	Бобовая зерновка	Bönsmyg	Gorgojo de las habas
452	Punteruolo del riso	Rijstklander	Рисовый долгоносик	Risvivel	Gorgojo del arroz
453	Pesciolino d'argento	Suikergast	Обыкновенная чешуйница	Nattsmyg, Silverfisk	Lepisma, Pececillo plateado
454	Ratto delle chiaviche	Bruine rat	Амбарная крыса (рыжая крыса, пасюк)	Brun råtta	Rota parda

	Holzparasiten	Malefici ligni	Træparasitter	Wood parasites	Parasites du bois
Lfd. Nr.	Deutsch	Lingua latina	Dansk	English	Français
455	Blausieb	Zeuzera pyrina L.	Plettet træborer	Leopard moth, Wood leopard moth	Zeuzère du poirier, Coquette
456	Bockkäfer	Cerambycidae	Træbuk	Longhorn beetles, Roundheaded borers	Capricornes
457	Bohrkäfer, sägehörniger	Hylecoetus dermestoides L.	—	Timber worm	—
458	Düsterbock	Asemum striatum L.	Egebuk	Pine-stump borer	Asenum
459	Eichenbock, großer, großer schwarzer Wurm	Cerambyx cerdo L.	Almindelig træbuk	Oak beetle	Grand Capricorne
460	Eichenkernkäfer	Platypus cylindrus F.	—	Pin-hole borer	Platypus
461	Eichenwidderbock	Plagionotus arcuatus L.	—	—	Plagionotus
462	Erlenwürger	Cryptorrhynchus lapathi L.	—	Poplar and willow borer	Charançon de l'aulne
463	Fichtenbock	Tetropium castaneum L.	Alm. Barkbuk Nåletræbuk	—	Callidie de l'épicea
464	Fichtenholzwespe, blaue	Paururus juvencus L.	—	Wood wasp, Giant horntail	Sirex commun
465	Grubenhalsbock	Criocephalus rusticus L.	Mørk Barkbuk	Pine-stump borer	Criocéphale rustique
466	Grubenholzrüßler	Rhyncolus culinaris Germ.	—	—	Rhyncholus charançon
467	Haselbock	Oberea linearis L.	—	—	Obérée du noisetier
468	Hausbock	Hylotrupes bajulus L.	Husbuk	House longhorn beetle	Hylotrupe
469	Heldbock, kleiner	Cerambyx scopolii Fuessl.	—	—	Petit capricorne
470	Holzbohrer, kleiner	Xyleborus saxeseni Ratz.	—	Small shot-hole borer Cosmopolitan ambrosia beetle	Bostryche xylographe
471	Holzbohrer, ungleicher	Xyleborus (Anisandrus) dispar F.	—	Shot-hole borer	Xylébore disparate
472	Holzmehlkäfer	Lyctidae	—	Powder-post beetles Large powder-post	Lyctus, Bostryche
473	Kapuzinerkäfer	Bostrychus (Apate) capucinus L.	—	Large powder-post beetle	Bostryche capucin
474	Kernkäfer	Platypus cylindrus Fabr.	—	Flatfooted ambrosia beetle	Platypus
475	Kiefernbock, westeuropäischer	Monochamus galloprovincialis Oliv.	—	—	—
476	Klopfkäfer, weicher	Ernobius mollis L.	—	Death tick	Vrillette molle
477	Laubholzbohrer, Buchenholzbohrer	Trypodendron (Xyleborus) domesticum L.	—	Ambrosia beetle	Bostryche liséré

	Parassiti del legno	Houtparasieten	Вредители древесины	Virkesskadedjur	Parásitos de la madera
Lfd. Nr.	Italiano	Nederlands	по-русски	Svenska	Español
455	Zeuzera, Rodilegno giallo	Gele houtrups	Древесница въедливая	Blåfläckig träfjäril	Taladro amarillo de los troncos
456	Cerambici, Longicorni	Boktorren	Дровосеки, усачи	Långhorningar	Longicornios
457	Ilecotino	Zaagsprietige houtboorder	Лиственный сверлило	Bredhalsad varvsfluga	—
458	Asemino dei pini morti e delle ceppaie	Bruine denneboktor	Черный ребристый усач	Strimmig barkbock	—
459	Cerambice delle querce	Heldenboktor, Grote eikeboktor	Большой дубовый усач	Ekbock	Gran capricornio de las encinas
460	Platipo cilindrico	Eikeschorskever	Цилиндрический плоскоход	Ekkärnborre	Platipo cilíndrico
461	Clito arcuato	Eikeramboktor	Клит дубовый	Smalbandad ekbarkbock	Plagionoto, Clito arqueado
462	Criptorrinco, Punteruolo dei pioppi e dei salici	Elzesnuitkever	Долгоносик ольховый (скрытнохоботник)	Alvivel	Gorgojo del chopo
463	Cerambice dell'abete rosso	Blauwe sparrehoutwesp	Блестящегрудый еловый усач	Allmän barkbock	Longicornio del abeto rojo
464	Sirice azzurro	Sparrehoutwesp	Синий сосновый рогохвост	Blå vedstekel	Strice azul
465	Criocefalo rustico	Mijnhoutboktor	Бурый сосновый усач	Brun barkbock	Criocéfalo rústico
466	Curculionide dei faggi	Mijnhoutsnuitkever	Долгоносик-трухляк	—	Curculiónido de la haya
467	Cerambice del nocciuolo	Hazelaarboktor	Лещиновый черный усач	Hasselbock	Longicornio del avellano
468	Ilotrupe, Cerambice dei pali telegrafici, Capricorno	Huisboktor	Домовый усач	Husbock	Capricornio doméstico, Hilotrupe, Taladro de los postes telegráficos
469	Cerambici delle querce, dei castagni degli olmi, delle piante da frutto	Kleine eikeboktor	Малый дубовый усач	Mindre ekbock	Capricornio pequeño de la encina y el castaño
470	Xileboro, Bostrico delle latifoglie e delle conifere	Kleine houtkever	Многоядный непарный короед	Brun vedborre	Barrenillo de las frondosas y coníferas
471	Bostrico dispari	Ongelijke schorskever	Западный непарный короед	Svart lövvedborre	Barrenillo dispar
472	Lictidi	Houtmolmkevers	Древогрызы	Splintbaggar	Líctidos
473	Bostrico, Apate cappuccino	Capucinekever	Дубовый капюшонник (красный)	—	Barrenillo capuchino
474	Platipo	Kernhoutkever	Цилиндрический плоскоход	Kärnborrar	Platipo
475	Lamia dei pini	Westeuropese denneboktor	Черный сосновый усач	Västeuropeisk tallbock	Lamia de los pinos
476	Ernobio delle conifere	Weke klopkever	Мягкий точильщик	Mjuk trägnagare	Ernobio de las coníferas
477	Bostrico domestico	Beukehoutboorder	Дубовый древесинник	Husborre	Bostrico doméstico

	Holzparasiten	Malefici ligni	Træparasitter	Wood parasites	Parasites du bois
Lfd. Nr.	Deutsch	Lingua latina	Dansk	English	Français
478	Lärchenbock	Tetropium gabrieli Weise.	—	Larch longhorn beetle	Tétrops
479	Leiterbock	Saperda scalaris L.	—	—	Saperde
480	Moschusbock	Aromia moschata L.	Moskusbuk	Musk beetle	Aromie musquée
481	Mulmbock	Ergates faber L.	—	—	Ergate forgeron
482	Nadelholz-Widderbock, gelbgebänderter	Clytus lama Muls.	Vædder	—	Clyte
483	Nagekäfer	Anobiidae	Borebille	Furniture beetles, Wood worm	Vrillettes
484	Nutzholzbohrer, linierter	Xyloterus lineatus Oliv.	—	Ambrosia beetle	Bostryche liséré
485	Nutzholzborkenkäfer, gekörnter	Xyleborus dryographus Ratz.	—	Ambrosia beetle	—
486	Nutzholzborkenkäfer, kleiner	Xyleborus monographus F.	—	Ambrosia beetle	Bostryche monographe
487	Pappelbock, großer schwarzer	Saperda carcharias L.	Poppelbuk	Poplar borer, Large poplar longhorn	Saperde chagrinée
488	Pappelbock, kleiner	Saperda populnea L.	Aspebuk	Small poplar borer	Saperde du peuplier
489	Parkettkäfer	Lyctus linearis Goeze.	—	Lyctus powder-post beetle	—
490	Pochkäfer, gekämmter	Ptilinus pectinicornis L.	—	—	Ptilinus
491	Riesenameise	Camponotus herculeanus L.	Herkulesmyre, Kæmpemyre	Black carpenter-ant, Great black ant	Fourmi
492	Riesenholzwespe	Sirex gigas L.	Træhveps	Wood wasp, Pine borer	Sirex géant
493	Roßameise, Riesenameise	Camponotus ligniperda Latz.	Kæmpemyre	Carpenter-ant	Fourmi
494	Rüsselkäfer	Curculionidae	Snudebiller	Weevils	Charançons
495	Scheibenbock, blauer	Callidium violaceum L.	Blåbuk	—	Callidie bleu violet
496	Scheibenbock, erzfarbiger	Callidium aeneum Deg.	—	—	Callidie bronzée
497	Scheibenbock, veränderlicher	Phymatodes testaceus L.	—	Tanbark borer	Longicorne du hêtre
498	Schiffswerftkäfer	Lymexylon navale L.	—	Ship-timber beetle	Lyméxylon
499	Schneiderbock	Monochamus sartor F.	—	Sawyer	—
500	Schusterbock	Monochamus sutor L.	—	Pine sawyer	—
501	Termiten, weiße Ameisen	Isoptera	Termitter	Termites, white ants	Termites, Fourmis blanches
502	Totenuhr	Anobium striatum Oliv. = A. punctatum DeG.	Dødningeur	death watch, furniture beetle	Vrillette domestique

	Parassiti del legno	Houtparasieten	Вредители древесины	Virkesskadedjur	Parásitos de la madera
Lfd. Nr.	Italiano	Nederlands	по-русски	Svenska	Español
478	Tetropio	Lariksboktor	—	Lärkbock	Tetropio
479	Saperda del ciliegio	Berkeboktor	Мраморный скрипун	Björkvedbock	Saperda del cerezo
480	Aromia musciata, Cerambice dei salici	Rozeboktor, Muskusboktor	Мускусный усач	Myskbock	Macuba, Gusano de olor
481	Ergate	Molmboktor	Усач-плотник	Jättetaggbock, Stor timmerman	Ergates
482	Clito degli alberi e degli arbusti	Geel gestreepte naaldhoutramboktor	—	—	Clito
483	Anobiidi	Boorkevers	Жуки-точильщики	Trägnagare	Carcomas
484	Bostrico lineato	Gestreepte timmerhoutschorskever	Хвойный полосатый древесинник	Randig vedborre	Barrenillo estriado, de las coníferas
485	Xileboro delle querce, del castagno	Gespikkelde timmerhoutschorskever	Южный непарный короед	—	Barrenillo de la encina y el castaño
486	Bostrico monografo, Xileboro delle querce	Kleine zwarte timmerhoutschorskever	Дубовый непарный короед	Ekvedborre	Xilévoro de la encina
487	Saperda maggiore del pioppo	Grote populiereboktor	Большой осиновый скрипун	Större aspvedbock	Saperda de los chopos
488	Saperda minore del pioppo	Kleine populiereboktor	Малый осиновый скрипун	Mindre aspvedbock	Saperda pequeña de los chopos
489	Licto lineare	Parketkever	Бороздчатый древогрыз	Eksplintbagge	Licto lineal
490	Ptilino dalle antenne pettinate	Kamkorekever	Гребнеусый точильщик	Kamhornad trägnagare	Ptilino
491	Camponoto ercoleano	Reuzemier	Коричневый таежный муравей	Hästmyra	Hormiga hércules
492	Sirice gigante	Grote sparrehoutwesp	Рогохвост-гигант	Gul hornstekel, Stor hornstekel	Sirice gigante
493	Formica rodilegno, Camponoto	Grote rode mier	Большой муравей	Hästmyra	Hormiga carpintera
494	Curculionidi, Punteruoli	Snuitkevers	Долгоносики или слоники	Vivlar	Gorgojos, Picudos roebrotes
495	Callidio viola	Blauwe timmerhoutboktor	Фиолетовый плоский усач	Blåhjon	Calidio violáceo
496	Callidio dorato	Bronskleurige timmerhoutboktor	Золотистый плоский усач	—	Calidio bronceado
497	Fimatode testaceo	Veranderlijke timmerhoutboktor	Плоский дубовый усач	Föränderlig barkbock	Longicornio del haya
498	Limessilone delle navi	Scheepswerfkever	Корабельный сверлило	Skeppsvarvsfluga	Broma, Taraza naval
499	Lamia sartor	Kleermakerboktor	—	—	Lamia tejedora
500	Lamia sutor	Schoenmakerboktor	Малый черный еловый усач	Tallbock	—
501	Termiti, Formiche bianche	Termieten	Термиты	Termiter	Termes, Comejenes, Hormigas blancas
502	Anobio striato	Doodsklopper	Мебельный точильщик	Dödsur, Strimmig trägnagare	Carcoma estriada

	Holzparasiten	Malefici ligni	Træparasitter	Wood parasites	Parasites du bois
Lfd. Nr.	Deutsch	Lingua latina	Dansk	English	Français
503	Trotzkopf	Anobium pertinax L.	—	death watch, furniture beetle	Vrillette domestique
504	Ulmensplintkäfer, kleiner	Scolytus multistriatus Marsh.	—	Lesser European elm bark beetle	Petit scolyte de l'orme
505	Weberbock	Lamia textor L.	—	—	Lamia
506	Weidenbock, rothalsiger	Oberea oculata L.	—	—	Obérée du noisetier
507	Weidenbohrer, großer	Cossus cossus L.	Pileborer	Goat moth	Cossus gâte-bois

	Parassiti del legno	Houtparasieten	Вредители древесины	Virkesskadedjur	Parásitos de la madera
Lfd. Nr.	Italiano	Nederlands	по-русски	Svenska	Español
503	Anobio ostinato, Tarlo dei mobili	Klopkever	Домовый точильщик	Dödsur, envis trägnagare	Carcoma de los muebles
504	Piccolo scolito dell'olmo	Kleine iepespintkever	Заболонник струйчатый	Liten almsplintborre	Barrenillo pequeño del olmo
505	Lamia tessitrice	Weverbok	Ивовый корневой усач	Videbock	Lamia tejedora
506	Piccolo cerambice dal collo rosso del salice	Roodhalzige wilgeboktor	Красногрудый ивовый усач	—	Cerambícido de los sauces
507	Rodilegno rosso	Wilgehoutrups	Пахучий древоточец	Träfjäril	Taladro rojo de los troncos

Alphabetische Sachwortverzeichnisse

Rerum indices alphabetici

Alfabetisk sagregister

Alphabetic Subject Indexes

Index alphabétiques

Indici alfabetici terminologici

Alphabetische registers

Алфавитные предметные указатели

Alfabetiska sakregister

Indices Alfabéticos

Deutsches Sachwortverzeichnis

Die erste Zahl gibt die Seite, die zweite die laufende Nummer des Schädlings oder Unkrautes an, z. B. Ackergauchheil Seite 64/Lfd. Nr. 259. Scheint der Schädling in verschiedenen Gruppen des Wörterbuches auf, sind dementsprechend mehrere Zahlenhinweise zu finden.

A

	Seite/Nr.
Ackergauchheil	64/259
Ackerhanfnessel	66/294
Ackerknäuel	64/260
Apfelmotte	48/133
Ackerschnecke	36/ 1
Ackersenf	64/261
Ackerwinde	64/262
Ampfer, Haus-	64/263
Ampfer, kleiner	64/264
Ampfer, krauser	64/265
Ampfer, stumpfblättriger	64/266
Anthraknose der Gurkengewächse	42/ 69
Apfelbaumgespinstmotte	48/125
Apfelbaumglasflügler	48/126
Apfelblattlaus, grüne	48/127
Apfelblattlaus, rosa	48/128
Apfelblattmotte	48/129
Apfelblattsauger	48/130
Apfelblütenstecher	48/131
Apfelfaltenlaus, mehlige	48/132
Apfelmehltau	56/210
Apfelsägewespe	48/134
Apfelschalenwickler	48/135
Apfelwickler, Obstmade	48/136
Aprikosenspinner	78/404
Ausrufungszeichen	72/333

B

	Seite/Nr.
Barbarakraut, gemeines	64/267
Baumweißling	48/137
Baumweißling	72/334
Blattbräune der Rübe	42/ 70
Blattfallkrankheit der Johannisbeere und Stachelbeere	56/214
Blattfleckenkrankheit der Rübe	42/ 71
Blatfleckenkrankheit der Sellerie	42/ 72
Blattfleckenkrankheit der Tomate	42/ 73
Blattläuse	36/ 2
Blattläuse	48/146
Blattrandkäfer, gestreifter	36/ 3
Blausieb	48/147
Blausieb	72/338
Blausieb	84/455
Blutlaus	48/148
Berufskraut, kanadisches	64/270
Beifuß, gemeiner	64/268
Beinwell, gemeiner	64/269
Bienenschwärmer	72/335
Birkensplintkäfer	72/337
Birkennestspinner, Wollafter	72/336
Bitterfäule	56/213
Birnblattbuckelwanze	48/138
Birnblattwespe	**48/141**
Birnenblattsauger	48/139
Birnengallmücke	48/140
Birnengespinstwespe	**48/141**
Birnengitterrost	56/211
Birnenknospenstecher	48/142
Birnenpockenmilbe	48/143

	Seite/Nr.
Birnensägewespe	48/144
Birnenschorf	56/212
Birnprachtkäfer	48/145
Blattwespenlarve	52/197
Bockkäfer	84/456
Bohnenblattlaus	40/ 53
Bohnenblattlaus, schwarze	36/ 4
Bohnenrost	42/ 74
Bohrkäfer, sägehörniger	84/457
Brachkäfer	36/ 24
Braunfäule der Tomate	42/ 75
Braunfleckenkrankheit der Tomate	42/ 76
Braunrost an Gerste	42/ 77
Braunrost an Roggen	42/ 78
Braunrost an Weizen	42/ 79
Brennessel, gemeine (große)	64/271
Brennessel, kleine	64/272
Brennfleckenkrankheit der Bohne	42/ 80
Brennfleckenkrankheit der Erbse	42/ 81
Buchdrucker	72/353
Buchenfrostspanner	72/339
Buchenholzbohrer	84/477
Buchenspinner	76/400
Buchenspringrüßler	72/340
Bunte Hanfnessel	66/295

D

	Seite/Nr.
Derbrüßler	36/ 5
Deutsche Schabe, Hausschabe	82/441
Dickmaulrüßler	60/240
Distel, Acker-	64/273
Distel, Esels-	64/274
Distel, Gänse-, Sau-	64/275
Distel, Kohlsau-	64/276
Distel, lanzettblättrige	64/277
Distel, nickende Stachel-	64/278
Drahtwurm, Schnellkäferlarve	36/ 6
Drahtwurm, Schnellkäferlarve	72/341
Dürrfleckenkrankheit der Kartoffel	42/ 82
Düsterbock	84/458

E

	Seite/Nr.
Ehrenpreis, Acker-	64/279
Ehrenpreis, efeublättriger	64/280
Ehrenpreis, Feld-	64/281
Eibischspinnmilbe	60/241
Eichenbock, großer, großer schwarzer Wurm	84/459
Eichenkernkäfer	84/460
Eichenmehltau	80/428
Eichenprozessionsspinner	72/342
Eichenwickler, grüner	72/343
Eichenwidderbock	84/461
Erbsenblattlaus, grüne	36/ 7
Erbsenkäfer	36/ 8
Erbsenkäfer	82/442
Erbsenmehltau, echter	42/ 83
Erdbeerblütenstecher	48/150
Erdbeermilbe	48/149

	Seite/Nr.
Erdraupe	72/344
Erdraupe	78/426
Erdraupe, Wintersaateulenraupe	36/ 10
Erdschnake	40/ 67
Erlenblattkäfer, blauer	72/345
Erdflohkäfer	36/ 9
Erlenwürger	72/346
Erlenwürger	84/462
Eschenbastkäfer, bunter	72/347
Eschenbastkäfer, doppeläugiger	72/348
Eschenbastkäfer, großer schwarzer	72/349
Eschenbastkäfer, kleiner schwarzer	72/350
Espenblattkäfer	78/421

F

	Seite/Nr.
Falscher Mehltau	62/257
Falscher Mehltau an Salat	42/ 84
Falscher Mehltau der Zwiebel	42/ 85
Feldkraut	68/314
Feldmaus	36/ 11
Feldmaus	82/443
Feuerbrand	56/215
Feuerröschen, Sommerteufelsauge	66/282
Feuerschwamm der Buche	80/429
Feuerschwamm, falscher	80/430
Fichtenbastkäfer, schwarzer	72/351
Fichtenblattwespe, kleine	72/352
Fichtenbock	84/463
Fichtenborkenkäfer, 8-zähniger, Buchdrucker	72/353
Fichtenborkenkäfer, gekörnter	72/354
Fichtenborkenkäfer, 6-zähniger, Kupferstecher	72/355
Fichten-Gespinstblattwespe	72/356
Fichtenholzwespe, blaue	84/464
Fichtennadelrost	80/431
Fichtenpissodes, Harzrüsselkäfer	74/357
Fingerkraut, kriechendes	66/283
Flachsrost	42/ 86
Flechten	56/216
Fleischfleckenkrankheit der Zwetschke	56/217
Flughafer	66/284
Franzosenkraut, Gängelkraut	66/285
Fritfliege	36/ 12
Frostspanner, großer	50/151
Frostspanner, großer	74/358
Frostspanner, kleiner	50/152
Frostspanner, kleiner	74/359
Fuchsschwanz, rauhhaariger gemeiner	66/286

G

	Seite/Nr.
Gammaeule	74/360
Gängelkraut	66/285
Gänsefuß, weißer	66/287
Gartenhaarmücke	36/ 13

	Seite/Nr.
Gartenlaubkäfer	50/153
Gartenwegschnecke	36/ 14
Gelbrost	42/ 87
Gemeine Orakelblume	**70/331**
Gerstenflugbrand	42/ 88
Gerstenhartbrand	42/ 89
Getreideblasenfuß	36/ 15
Getreideblumenfliege	36/ 16
Getreidehalmwespe	36/ 17
Getreidelaufkäfer	36/ 18
Getreidemehltau	42/ 90
Gewächshausthrips	36/ 19
Goldafter	50/154
Goldafter	74/361
Grauschimmel	62/255
Große Schermaus	**54/205**
Großer Dickkopf	**52/189**
Großer Dickkopf	**78/405**
Großer schwarzer Wurm	**84/459**
Grubenhalsbock	84/465
Grubenholzrüßler	84/466
Gurkenkrätze	42/ 91
Gurkenmehltau, echter	44/ 92

H

Haferflugbrand	44/ 93
Hafernematode	36/ 20
Hahnenfuß, Acker-	66/288
Hahnenfuß, kriechender	66/289
Hahnenfuß, scharfer	66/290
Hallimasch	56/218
Halmbruchkrankheit	44/ 94
Harzrüsselkäfer	**74/357**
Haselbock	84/467
Haselnußbohrer	50/155
Hausbock	84/468
Hausmaus	82/444
Hausratte	82/445
Hausschabe	82/441
Heckenwickler	50/156
Hederich	66/291
Heldbock, kleiner	84/469
Herbstzeitlose	66/292
Herzfäule der Runkelrübe	44/ 95
Hessenfliege	36/ 21
Himbeerblütenstecher	50/157
Himbeerkäfer	50/158
Hirtentäschel	66/293
Hohlzahn, Acker- Ackerhanfnessel	66/294
Hohlzahn, gelblich-weißer, bunte Hanfnessel	66/295
Hohlzahn, gemeiner	66/296
Holzbohrer, kleiner	50/159
Holzbohrer, kleiner	84/470
Holzbohrer, ungleicher	50/160
Holzbohrer, ungleicher	74/362
Holzbohrer, ungleicher	84/471
Holzmehlkäfer	84/472
Honigtau, Rußtau	56/219
Hopfenerdfloh	36/ 22
Hopfenwanze	36/ 23
Hornisse	74/363
Huflattich	66/297

J

Johannisbeerblattlaus	50/161
Johannisbeergallenblattlaus	50/162
Junikäfer, Brachkäfer	36/ 24
Junikäfer	50/163

K

	Seite/Nr.
Kamille, echte	66/298
Kamille, geruchlose	66/299
Kapuzinerkäfer	84/473
Kartoffelälchen	36/ 25
Kartoffelblattlaus, (grünfleckige)	38/ 26
Kartoffelkäfer	38/ 27
Kartoffelkrebs	44/ 96
Kartoffelpulverschorf	44/ 97
Kartoffelschorf	44/ 98
Kartoffelwelkekrankheit	44/ 99
Kernkäfer	84/474
Kiefernbastkäfer, schwarzer	74/364
Kiefernblattkäfer, gelber	74/365
Kiefernbock, westeuropäischer	84/475
Kiefernborkenkäfer, 6-zähniger	74/366
Kiefernborkenkäfer, 12-zähniger	74/367
Kiefern-Buschhornblattwespe, gelbköpfige	74/368
Kiefern-Buschhornblattwespe rotgelbe	74/369
Kieferndrehrost	80/432
Kiefereule	74/370
Kirschenhexenbesen	56/220
Kiefernknospentriebwickler	74/371
Kiefern-Kultur-Kotsack-Gespinstblattwespe	74/372
Kiefernkulturpissodes	74/373
Kiefernprozessionsspinner	74/374
Kiefernrindenblasenrost	80/433
Kiefernsaateule	74/375
Kiefernschütte	80/434
Kiefernschwärmer, Tannenpfeil	74/376
Kiefernspanner	74/377
Kiefernspinner	74/378
Kirschenblattlaus, schwarze	50/166
Kirschblattwespe	50/164
Kirschblütenmotte	50/165
Kirschfruchtfliege	50/167
Kirschenschorf	56/221
Klatschmohn	66/300
Kleekrebs	44/100
Klette, gemeine	66/301
Klopfkäfer, weicher	84/476
Knospenwickler, roter	50/169
Knospenwickler, grauer	50/168
Knöterich, Floh-	68/303
Knöterich, ampferblättriger	66/302
Knöterich, windenartiger	68/304
Kohlblattlaus	38/ 28
Kohldrehherzmücke	38/ 29
Kohlerdfloh, großer gelbstreifiger	38/ 30
Kohleule	38/ 31
Kohlfliege	38/ 32
Kohlgallenrüßler	38/ 33
Kohlgallmücke	**38/ 34**
Kohlhernie	44/101
Kohlmehltau, falscher	44/102
Kohlmottenschildlaus	38/ 35
Kohlschabe	38/ 36
Kohlschotenmücke	**38/ 34**
Kohlweißling, großer	38/ 37
Kohlweißling, kleiner	38/ 38
Kommaschildlaus	50/170
Kommaschildlaus	**78/414**
Kornblume	68/305

	Seite/Nr.
Kornkäfer	82/446
Kornmotte	82/447
Kräuselmilbe	60/242
Kräuselkrankheit der Pfirsiche	56/222
Kraut- und Knollenfäule der Kartoffel	44/103
Kreuzkraut, gemeines	68/306
Kronenrost des Hafers	44/104
Kupferglucke	74/379
Kupferstecher	**72/355**

L

Labkraut, Kletten-, klebendes	68/307
Lärchenblattwespe	76/380
Lärchenbock	86/478
Lärchenborkenkäfer, 8-zähniger	76/381
Lärchenkrebs	80/435
Lärchenminiermotte	76/382
Lärchenschütte	80/436
Lärchenwickler, grauer	76/383
Laubholzbohrer, Buchenholzbohrer	84/477
Lauchmotte	38/ 39
Leiterbock	86/479
Liebstöckelrüßler	38/ 40
Liebstöckelrüßler	60/243
Löwenzahn, Maiblume	68/308

M

Maiblume	68/308
Maikäfer, Feld-	38/ 41
Maikäfer, Feld-	50/171
Maikäfer, Feld-	60/244
Maikäfer, Feld-	76/384
Maisbrand	44/105
Maiszünsler	38/ 42
Maulwurf	38/ 43
Maulwurfsgrille, Werre	38/ 44
Maulwurfsgrille, Werre	76/385
Mäuse	50/172
Mehlkäfer	82/448
Mehlmotte	82/449
Melde, gemeine	68/309
Melde, spießblättrige	68/310
Milben	50/173
Milch- und Bleiglanz	56/223
Mittelmeerfruchtfliege	50/174
Mohnwurzelrüßler	38/ 47
Mohnkapselrüßler	38/ 46
Möhrenfliege	38/ 45
Mondfleck	76/386
Monilia	56/224
Moose	56/225
Moschusbock	86/480
Mulmbock	86/481
Mutterkorn	44/106

N

Nachtschatten, schwarzer	68/311
Nadelholz-Widderbock, gelbgebänderter	86/482
Nagekäfer	**78/412**
Nagekäfer	86/483
Narrentaschenkrankheit der Zwetschke	56/226
Nonne	76/387
Nutzholzborkenkäfer, gekörnter	86/485
Nutzholzborkenkäfer, kleiner	86/486

— 92 —

	Seite/Nr.
Nutzholzborkenkäfer, linierter, Nutzholzbohrer	76/388
Nutzholzbohrer, linierter	86/484

O

Obstbaumkrebs	56/227
Obstbaumminiermotte	50/175
Obstbaumsackträgermotte	52/176
Obstbaumspinnmilbe	**52/191**
Obstbaumsplintkäfer, großer	52/177
Obstbaumsplintkäfer, großer	76/389
Obstbaumsplintkäfer, kleiner	52/178
Obstbaumsplintkäfer, kleiner	76/390
Obstblattminiermotte	52/179
Obstmade	48/136
Ohrwurm, gemeiner, Ohrenhöhler,	76/391
Ohrwurm, gemeiner	82/450
Oidium, Echter Mehltau	62/256

P

Pappelblattkäfer	76/392
Pappelblattkäfer	78/420
Pappelbock, großer	76/393
Pappelbock, großer, schwarzer	86/487
Pappelbock, kleiner	76/394
Pappelbock, kleiner	86/488
Pappelrindenbrand	80/437
Pappelrost	80/438
Pappelschwärmer	76/395
Pappelspinner	**78/424**
Parkettkäfer	86/489
Peronospora, Falscher Mehltau	62/257
Pestwurz	68/312
Pferdebohnenkäfer	82/451
Pfeilkresse, stengelumfassende	68/313
Pfennigkraut, Feld-	68/314
Pfirsichblattlaus, blattrollende	52/180
Pfirsichblattlaus, grüne	52/181
Pfirsichmotte	52/182
Pfirsich- und Rosen-Mehltau	56/229
Pfirsichschorf	56/228
Pfirsichschildlaus	52/183
Pfirsichtriebbohrer	52/184
Pinienprozessionsspinner	76/396
Pochkäfer, gekämmter	86/490
Pockenkrankheit, Rebblattgallmilbe, Weinblattfilzmilbe	60/245
Pflaumenbohrer	52/185
Pflaumenhexenbesen	56/230
Pflaumensägewespe, gelbe	52/186
Pflaumensägewespe, schwarze	52/187
Pflaumenwickler	52/188

R

Rapserdfloh	38/ 48
Rapsglanzkäfer	38/ 49
Rapsweißling	38/ 50
Rauke, feinblättrige	68/315
Rauke, gemeine	68/316
Rebblattgallmilbe	**60/245**
Rebenfallkäfer, Schreiber	60/246
Rebenschildlaus	60/247
Rebenschildlaus, wollige	60/248
Reblaus	60/249
Rebstecher	60/250
Reiskäfer	82/452
Rettichfliege	40/ 51
Riesenameise	76/397
Riesenameise	86/491

	Seite/Nr.
Riesenbastkäfer	76/398
Riesenholzwespe	86/492
Ringelspinner	52/189
Ringelspinner	76/399
Roggenstengelbrand	44/107
Roßameise, Riesen-	86/493
Roter Brenner	62/258
Rote Spinne, Obstbaumspinnmilbe	52/191
Rosenkäfer, rauhhaariger	52/190
Rotschwanz, Buchenspinner	76/400
Rübenaaskäfer	40/ 52
Rübenblattlaus	40/ 53
Rübenblattwanze	40/ 54
Rübenblattwespe	40/ 55
Rübenfliege	40/ 56
Rübenmehltau, falscher	44/108
Rübennematode	40/ 57
Rübenwurzelbrand	44/109
Rüsselkäfer	52/192
Rüsselkäfer	86/494
Rüsselkäfer, großer brauner	76/401
Rüsselkäfer, großer schwarzer	76/402
Rußtau	**56/219**
Rutenkrankheit der Himbeere	56/231

S

Saatschnellkäfer	40/ 58
San José Schildlaus	52/193
Sauerampfereule	60/251
Schachtelhalm, Acker-	68/317
Schachtelhalm, Sumpf-	68/318
Schaumzikade	78/403
Scheibenbock, blauer	86/495
Scheibenbock, erzfarbiger	86/496
Scheibenbock, veränderlicher	86/497
Schiffswerftkäfer	86/498
Schildkäfer, nebeliger	40/ 59
Schildlaus, gelbe, austernförmige	52/194
Schildlaus, rote, austernförmige	52/195
Schlehenspinner, Aprikosenspinner	78/404
Schmalbauch	52/196
Schneckenförmige Blattwespenlarve	52/197
Schneeschimmel	44/110
Schneiderbock	86/499
Schnellkäferlarve	**36/ 6**
Schnellkäferlarve	**72/341**
Schorf, Apfelschorf	58/232
Schotendotter, lackartiger	68/319
Schreiber	60/246
Schrotschußkrankheit	58/233
Schwalbenschwanz	40/ 60
Schwammspinner, großer Dickkopf, Schwammraupe	52/198
Schwammspinner, großer Dickkopf, Schwammraupe	78/405
Schwarzbeinigkeit des Getreides	44/111
Schwarzbeinigkeit der Kartoffel	44/112
Schwarzfleckenkrankheit der Tomaten	44/113
Schwarzrost	**44/114**
Schusterbock	**86/500**
Selleriefliege	**40/ 61**

	Seite/Nr.
Silberfischchen	82/453
Sommerteufelsauge	**66/282**
Spanische Fliege	78/406
Spargelfliege	40/ 62
Spargelhähnchen	40/ 63
Spargelkäfer	40/ 64
Springwurmwickler	60/252
Stachelbeerblattwespe, gelbe	52/199
Stachelbeerblattwespe, schwarze	52/200
Stachelbeermehltau, amerik.	58/234
Stachelbeermilbe, rote	54/201
Stachelbeerspanner	54/202
Steinobstkrebs	58/235
Steinsame, Acker-	68/320
Stengelfäule der Tomaten	44/115
Stiefmütterchen	68/321
Stinkbrand	**46/119**
Stockkrankheit	46/116
Streifenkrankheit der Gerste	46/117
Sumpfziste	68/322

T

Tannenborkenkäfer, gekörnter	78/407
Tannenborkenkäfer, krummzähniger	78/408
Tannenpfeil	74/376
Tannenstammlaus	78/409
Tannentrieblaus, gefährliche Tannenrindenlaus	78/410
Tannentriebwickler	78/411
Taubnessel, rote	68/323
Termiten, weiße Ameisen	86/501
Totenuhr	86/502
Totenuhr, Nagekäfer	78/412
Traubenwickler, bekreuzter	60/253
Traubenwickler, einbindiger	60/254
Trotzkopf	88/503

U

Ulmenblattkäfer	78/413
Ulmenschildlaus, Kommaschildlaus	78/414
Ulmensplintkäfer, großer	78/415
Ulmensplintkäfer, kleiner	78/416
Ulmensplintkäfer, kleiner	88/504
Ulmensterben	80/439

V

Vogelknöterich	68/324
Vogelmiere	70/325

W

Waldgärtner, großer	78/417
Waldgärtner, kleiner	78/418
Wanderratte	82/454
Weberbock	88/505
Wegerich, Breit-	70/326
Wegerich, Spitz-	**70/327**
Weidenblattkäfer, gelber	78/419
Weidenblattkäfer, großer roter, Pappelblattkäfer	78/420
Weidenblattkäfer, kleiner	**76/392**
Weidenblattkäfer, kleiner roter, Espenblattkäfer	78/421
Weidenbock, rothalsiger	88/506
Weidenbohrer	54/203
Weidenbohrer	78/422
Weidenbohrer, großer	88/507
Weidenkahnspinner	78/423

	Seite/Nr.
Weidenspinner, Pappelspinner	78/424
Weinblattfilzmilbe	60/254
Weißer Bärenspinner	78/425
Weißer Rost der Kreuzblütler	46/118
Weißfleckenkrankheit der Birne	58/236
Weißfleckenkrankheit der Erdbeerblätter	58/237
Weizenackereule	40/ 65
Weizengallmücke	40 /66
Weizensteinbrand, Stinkbrand	46/119
Welkekrankheit der Kartoffel	46/120
Werre	38/ 44
Werre	76/358
Wespe, gemeine	54/204
Weymouthskiefernblasenrost	80/440
Wicke, rauhhaarige, Zitter-	70/329
Wicke, Vogel-	70/328
Wiesenschnake, Erdschnake	40/ 67
Wildfeuer des Tabaks	46/121
Windhalm	70/330
Wintersaateule, Erdraupe	78/426
Wintersaateulenraupe	**36/ 10**
Wintersaateulenraupe	**72/344**
Wollafter	**72/336**
Wucherblume, gemeine Orakelblume	70/331
Wühlmaus, große Schermaus	54/205
Wühlmaus, kurzohrige	54/206
Wurzelbräune des Tabaks	46/122
Wurzelkropf	46/123
Wurzelkropf	58/238
Wurzeltöterkrankheit	46/124

Z

Zackenschote, orientalische	70/332
Zirbenborkenkäfer, 8-zähniger	78/427
Zweigstecher	54/207
Zwetschkenblattlaus	54/208
Zwetschkenrost	58/239
Zwetschkenschildlaus	54/209
Zwiebelfliege	40/ 68

Index rerum latinus

A

	pagina/No.
Abraxas grossulariata L.	54/202
Acarina	50/173
Acidia heraclei Löw.	40/ 61
Acrolepia assectella Zell.	38/ 39
Actinomyces scabies Güss.	44/ 98
Acyrthosiphon pisi Kalt.	36/ 7
Adonis aestivalis L.	66/282
Agelastica alni L.	72/345
Agrilus sinuatus Oliv.	48/145
Agriolimax agrestis L.	36/ 1
Agriotes lineatus L.	40/ 58
Agrobacterium rubi (Hild.) Starr u. Weiss	58/238
Agrostis spica venti L.	70/330
Agrotis exclamationis L.	72/333
Agrotis (Tryphaena) pronuba L.	60/251
Agrotis segetum Schiff.	36/ 10
Agrotis segetum Schiff.	72/344
Agrotis segetum Schiff.	78/426
Agrotis tritici L.	40/ 65
Agrotis vestigialis Rott.	74/375
Albugo candida Ktze.	46/118
Aleurodes brassicae Walk.	38/ 35
Alternaria solani (E. et M.) Jones et Grout	42/ 82
Amaranthus retroflexus L.	66/286
Amorpha populi L.	76/395
Anagallis arvensis L.	64/259
Anarsia lineatella Zell.	52/182
Anobiidae	86/483
Anobium pertinax L.	88/503
Anobium punctatum Deg.	78/412
Anobium punctatum Deg.	86/502
Anobium striatum Oliv.	78/412
Anobium striatum Oliv.	86/502
Anthonomus cinctus Koll.	48/142
Anthonomus pomorum L.	48/131
Anthonomus rubi Hbst.	48/150
Anthonomus rubi Hbst.	50/157
Anuraphis persicae niger Smith	52/180
Aphididae	36/ 2
Aphididae	**48/146**
Aphidula grossulariae Kalt.	50/161
Aphidula pomi Deg.	48/127
Aphis pomi Deg.	**48/127**
Apera spica venti Pal.	**70/330**
Aporia crataegi L.	48/137
Aporia crataegi L.	72/334
Arctium Lappa L.	66/301
Argyresthia ephippiella Fbr.	50/165
Argyresthia conjugella Zell.	48/133
Arion hortensis Fér.	36/ 14
Armillaria mellea Vuil.	56/218
Aromia moschata L.	86/480
Artemisia vulgaris L.	**64/268**
Arvicola arvalis, A. agrestis L.	82/443
Arvicola terrestris L.	54/205
Ascochyta pisi Lib.	42/ 81
Asemum striatum L.	84/458
Aspidiotus ostreaeformis Curt.	52/194
Athalia colibri Christ., A. spinarum F.	40/ 55
Atriplex hastatum L.	68/310
Atriplex patulum L.	68/309
Aulacorthum pseudosolani Theob.	38/ 26
Avena fatua L.	66/284

B

	pagina/No.
Bacillus amylovorus Bur., Erwinia amylovora	56/215
Bacterium phytophthorum Appel	44/112
Bacterium solanacearum Sm.	42/ 75
Bacterium tabacum Wolf. et F.	46/121
Bacterium tumefaciens Sm. et Towns.	46/123
Bacterium tumefaciens Sm. et Towns.	58/238
Balaninus nucum L.	50/155
Barbaraea vulgaris R. Br.	64/267
Bibio hortulanus L.	36/ 13
Blitophaga opaca L.	40/ 52
Bostrychus (Apate) capucinus L.	84/473
Bothynoderes punctiventris Germ.	36/ 5
Botrytis cinerea Pers.	62/255
Bremia lactucae Regel	42/ 84
Brevicoryne brassicae L.	38/ 28
Bromius (Adoxus) obscurus L.	60/246
Bruchus pisorum L.	36/ 8
Bruchus pisorum L.	82/442
Bruchus rufimanus Boh.	82/451
Bryobia praetiosa Koch	54/201
Bryophyta	56/225
Bunias Orientalis L.	70/332
Bupalus piniarius L.	74/377
Byctiscus betulae L.	60/250
Byturus tomentosus F.	50/158

C

	pagina/No.
Cacoecia murinana Hbn.	78/411
Cacoecia rosana L.	50/156
Calandra granaria L.	82/446
Calandra oryzae L.	82/452
Caliroa limacina Retz.	50/164
Caliroa limacina Retz.	52/197
Callidium aeneum Deg.	86/496
Callidium violaceum L.	86/495
Calocoris fulvomaculatus Deg.	36/ 23
Camponotus herculeanus L.	86/491
Camponotus ligniperda Latz.	76/397
Camponotus ligniperda Latz.	86/493
Capsella Bursa pastoris (L.) Med.	66/293
Capua reticulana Hb.	48/135
Carduus nutans L.	64/278
Carpocapsa (Cydia) pomonella L.	48/136
Cassida nebulosa L.	40/ 59
Cemiostoma scitella Zell.	50/175
Centaurea Cyanus L.	68/305
Cephus pygmaeus L.	36/ 17
Cerambycidae	84/456
Cerambyx cerdo L.	84/459
Cerambyx scopolii Fuessl.	84/469
Ceratitis capitata Wied.	50/174
Cercospora beticola Sacc.	42/ 71
Cercosporella herpotrichoides Fron.	44/ 94
Ceutorrhynchus sulcicollis Thoms.	38/ 33
Ceutorrhynchus macula alba Hbst.	38/ 46
Chaetocnema concinna Marsh.	36/ 22
Cheimatobia brumata L.	50/152
Cheimatobia brumata L.	74/359
Chenopodium album L.	66/287
Chortophila brassicae Bché.	38/ 32
Chortophila floralis Fall.	40/ 51
Chrysanthemum Leucanthemum L.	70/331
Chrysomyxa abietis (Wallr.) Ung.	80/431
Cirsium arvense (L.) Scop.	64/273
Cirsium lanceolatum (L.) Hill	64/277
Cladosporium carpophyllum Thüm.	56/228
Cladosporium cucumerinum Ell. et Arth.	42/ 91
Cladosporium fulvum Cooke	42/ 76
Clasterosporium carpophilum (Lev.) Aderh.	58/233
Clasterosporium putrefaciens Sacc.	42/ 70
Claviceps purpurea Tul.	44/106
Clysia ambiguella Hbn.	60/254
Clytus lama Muls.	86/482
Colchicum autumnale	66/292
Coleophora hemerobiella Sc.	52/176
Coleophora laricella Hbn.	76/382
Colletotrichum lagenarium Cav.	42/ 69
Colletotrichum lindemuthianum Sacc. et Magn.	42/ 80
Contarinia nasturtii Kieff.	38/ 29
Contarinia pirivora Ril.	48/140
Contarinia tritici Kirb.	40/ 66
Convolvulus arvensis L.	64/262
Cossus cossus L.	54/203
Cossus cossus L.	78/422
Cossus cossus L.	88/507
Criocephalus rusticus L.	84/465
Crioceris asparagi L.	40/ 63
Crioceris duodecimpunctata L.	40/ 64
Cronartium asclepiadeum Fries.	80/433
Cronartium pini Willd.	80/433
Cronartium ribicola Dietr.	80/440
Cryphalus abietis Ratz.	72/354
Cryphalus piceae Ratz.	78/407
Cryptocephalus pini L.	74/365
Cryptomyzus ribis L.	50/162
Cryptorrhynchus lapathi L.	72/346
Cryptorrhynchus lapathi L.	84/462
Cydia (Laspeyresia) molesta (Bu.) Busk	52/184
Curculionidae	86/494

D

	pagina/No.
Dasychira pudibunda L.	76/400
Dasyneura brassicae Winn.	38/ 34
Dasycypha willkommii Hart	80/435
Dendroctonus micans Kugel.	76/398
Dendrolimus pini L.	74/378

	pagina/No.
Didymella applanata (Niessl) Sacc.	56/231
Didymella lycopersici Kleb.	44/115
Ditylenchus dipsaci Kühn	46/116
Doralis, Aphis grossulariae Kalt.	50/161
Doralis fabae Scop., Aphis fabae Scop.	36/ 4
Doralis fabae Scop., Aphis fabae Scop.	40/ 53
Doralis pomi Deg. Aphis pomi	48/127
Dothichiza populae Sacc. et Be.	80/437
Dreyfusia nüsslini Börn.	78/410
Dreyfusia picae Ratz.	78/409

E

Earias clorana L.	78/423
Elateridae	36/ 6
Elateridae	72/341
Ephistia kühniella Zell.	82/449
Epidiaspis betulae Bär.	52/195
Epitrimerus vitis Nal., Phyllocoptes vitis Nal.	60/242
Equisetum arvense L.	68/317
Equisetum palustre L.	**68/318**
Ergates faber L.	**86/481**
Erigeron Canadensis L.	64/270
Eriogaster lanestris L.	72/336
Eriophyes piri (Pagst.) Nal.	48/143
Eriophyes vitis Pgst.	60/245
Eriosoma lanigerum Hausm.	48/148
Ernobius mollis L.	84/476
Erysimum cheiranthoides L.	68/319
Erysiphe cichoriacearum D. C.	44/ 92
Erysiphe graminis D. C.	42/ 90
Erysiphe polygoni D. C.	42/ 83
Eulecanium corni Bché.	54/209
Eulecanium corni Bché.	60/247
Eulecanium persicae Lw.	52/183
Euproctis chrysorrhoea L.	50/154
Euproctis chrysorrhoea L.	74/361
Evetria buoliana Schiff.	74/371

F

Forficula auricularia L.	76/391
Forficula auricularia L.	82/450
Formes fomentarius (L. Fr.) Kickx	80/430
Formes igniarius (L.) Gill.	80/429
Fusarium nivale (Ces.) Sor.	44/110
Fusarium oxysporum Sch.	44/ 99
Fusicladium (Venturia) cerasi (Aderh.) Sacc.	56/221
Fusicladium dendriticum (Wallr.) Fuck.	58/232

G

Galeopsis Ladanum L.	66/294
Galeopsis speciosa Mill.	66/295
Galeopsis Tetrahit	66/296
Galerucella luteola Müll.	78/413
Galinsoga parviflora	66/285
Galium Aparine	68/307
Gastropacha quercifolia L.	74/379
Gloeosporium fructigenum Berh.	56/213
Grapholita funebrana Fr.	52/188

	pagina/No.
Gryllotalpa vulgaris L.	38/ 44
Gryllotalpa vulgaris L.	76/385
Gymnosporangium sabinae (Dicks). Wint.	56/211

H

Halticinae	36/ 9
Heliothrips haemorrhoidalis Bché.	36/ 19
Helminthosporium gramineum Rab.	46/117
Heterodera avenae	36/ 20
Heterodera, rostochiensis Woll.	36/ 25
Heterodera Schachtii Schm.	40/ 57
Hibernia defoliaria L.	50/151
Hibernia defoliaria L.	74/358
Hoplocampa brevis Klg.	48/144
Hoplocampa flava L.	52/186
Hoplocampa minuta Christ.	52/187
Hoplocampa testudinea Klg.	48/134
Hyalopterus arundinis F.	54/208
Hylastes ater Payk.	74/364
Hylastes cunicularius Er.	72/351
Hylecoetus dermestoides L.	84/457
Hylemyia antiqua Meig.	40/ 68
Hylemyia coarctata Fall.	36/16
Hylesinus crenatus F.	72/349
Hylesinus fraxini Panz.	72/347
Hylesinus oleiperdus F.	72/350
Hylobius abietis L.	76/401
Hyloicus (Sphinx) pinastri L.	74/376
Hylotrupes bajulus L.	84/468
Hyphantria cunea D.	78/425
Hyponomeuta malinella Zell.	48/125

I

Ips acuminatus Gyllh.	74/366
Ips amitinus Schedl.	78/427
Ips cembrae Heer.	76/381
Ips (Pityokteines) curvidens Germ.	78/408
Ips sexdentatus Bc .n.	74/367
Ips typographus L.	72/353
Isoptera	86/501

L

Lamia textor L.	88/505
Lamium purpureum L.	68/323
Laspeyresia funebrana Fr.	52/188
Lepidium Draba L., Cardaria Draba Desv.	68/313
Lepidosaphes ulmi L.	50/170
Lepidosaphes ulmi L.	78/414
Lepisma saccharina L.	82/453
Leptinotarsa decemlineata Say.	38/ 27
Lichenes	56/216
Limothrips cerealium Hal.	36/ 15
Lithospermum arvense L.	68/320
Lochmaea capreae L.	78/419
Lophodermium pinastri (Schr.) Chev.	**80/434**
Lophyrus (Diprion) sertifer Geoff.	74/369
Lophyrus (Diprion) pini L.	74/368
Lyctidae	84/472
Lyctus linearis Goeze.	86/489
Lyda campestris L., Acantholyda hieroglyphica Christ.	74/372

	pagina/No.
Lyda hypotrophica Htg., Cephaleia abietis L.	72/356
Lygaeonematus abietinus Christ.	72/352
Lygaeonematus erichsoni Htg.	76/380
Lymantria dispar L.	52/198
Lymantria dispar L.	78/405
Lymantria monacha L.	76/387
Lymexylon navale L.	86/498
Lyonetia clerkella L.	52/179
Lytta vesicatoria L.	78/406

M

Malacosoma neustria L.	52/189
Malacosoma neustria L.	76/399
Mamestra brassicae L.	38/ 31
Matricaria Chamomilla L.	66/298
Matricaria inodora L.	66/299
Mayetiola destructor Say.	36/ 21
Melampsora liniperda Palm.	42/ 86
Melampsora pinitorqua Rostr.	80/432
Melampsora populina Kleb.	80/438
Melosoma populi L.	**76/392**
Melasoma populi L.	78/420
Melasoma tremulae F.	78/421
Meligethes aeneus F.	38/ 49
Melolontha melolontha L.	38/ 41
Melolontha melolontha L.	50/171
Melolontha melolontha L.	60/244
Melolontha melolontha L.	**76/384**
Metatetranychus ulmi	**52/191**
Microsphaera alphitoides G. et M.	80/428
Microtus arvalis P.	36/ 11
Monochamus galloprovincialis Oliv.	84/475
Monochamus sartor F.	86/499
Monochamus sutor L.	86/500
Muridae	**50/172**
Mus musculus L.	82/444
Mycosphaerella fragariae (Tul.) L.	58/237
Mycosphaerella laricina Hartig	80/436
Mycosphaerella sentina (Fru.) L.	58/236
Mycosphaerella tabifica Prill et Del.	44/ 95
Myelophilus minor Htg.	78/418
Myelophilus piniperda L.	78/417
Myzus cerasi F.	50/166
Myzus persicae Sulz.	52/181

N

Nectria galligena Bres.	56/227
Nematus appendiculatus Htg.	52/200
Nematus ribesii Scop.	**52/199**
Neurotoma flaviventris Retz.	48/141

O

Oberea linearis L.	84/467
Oberea oculata L.	88/506
Olethreutes variegana Hbn.	50/168
Onopordon Acanthium L.	64/274
Ophiobolus graminis Sacc.	44/111
Ophiostoma ulmi Bi.	80/439
Orchestes fagi L.	72/340
Orgyia antiqua L.	78/404
Oscinella frit L.	36/ 12
Otiorrhynchus ligustici L.	38/ 40

	pagina/No.
Otiorrhynchus ligustici L.	60/243
Otiorrhynchus niger L.	76/402
Otiorrhynchus sulcatus F.	60/240

P

Panolis flammea Schiff.	74/370
Papaver Rhoeas L.	66/300
Papilio machaon L.	40/ 60
Paratetranychus pilosus C. u. F.	52/191
Paururus juvencus L.	84/464
Pegomyia hyoscyami Panz.	40/ 56
Periplaneta germanica L.	82/441
Peronospora brassicae Gäum.	44/102
Peronospora Schachtii Fuck.	44/108
Peronospora Schleideni Ung.	42/ 85
Petasites hybridus (L.) Fl. Wett.	68/312
Phalera bucephala L.	76/386
Philaenus spumarius L.	78/403
Phoma betae Frank, Phoma destructiva Plow.	44/113
Phyllobius argentatus F.	52/192
Phyllobius oblongus L.	52/196
Phyllopertha horticola L.	50/153
Phyllotreta nemorum L.	38/ 30
Phylloxera vastatrix Planch.	60/249
Phymatodes testaceus L.	86/497
Phytophthora infestans de Bary	44/103
Pieris brassicae L.	38/ 37
Pieris napi L.	38/ 50
Pieris rapae L.	38/ 38
Piesma quadrata Fieb.	40/ 54
Pissodes harcyniae Hbst.	74/357
Pissodes notatus F.	74/373
Pitymys subterraneus de Selys.	54/206
Pityogenes chalcographus L.	72/355
Plagionotus arcuatus L.	84/461
Plantago lanceolata L.	70/327
Plantago maior L.	70/326
Plasmodiophora brassicae Wor.	44/101
Plasmopara viticola Berl. et de Toni	62/257
Platyparea poeciloptera Schr.	40/ 62
Platypus cylindrus F.	84/460
Platypus cylindrus Fabr.	84/474
Plusia gamma L.	74/360
Plutella maculipennis Curt.	38/ 36
Podosphaera leucotricha (Ell. et Ev.) Salm.	56/210
Polychrosis botrana Schiff.	60/253
Polygonum aviculare L.	68/324
Polygonum Convolvulus L.	68/304
Polygonum lapathifolium L.	66/302
Polygonum Persicaria L.	68/303
Polygraphus polygraphus L.	72/348
Polyporus fomentarius L.	80/429
Polyporus igniarius L.	80/430
Polystigma rubrum (Pers.) D. C.	56/217
Potentilla reptans L.	66/283
Pseudomonas mors prunorum Worm.	58/235
Pseudomonas tabaci Wo. et Fo.	46/122
Pseudopeziza ribis Kleb.	56/214
Pseudopeziza tracheiphila Müll. et Th.	62/258
Psila rosae F.	38/ 45
Psylla mali Schmidb.	48/130
Psylla pirisuga Foerst	48/139

	pagina/No.
Psylliodes chrysocephala L.	38/ 48
Pteronus ribesii Scop.	52/199
Ptilinus pectinicornis L.	86/490
Puccinia coronifera Kleb.	44/104
Puccinia dispersa Erikss. et Henn.	42/ 78
Puccinia glumarum (Schm.) Erikss. et Henn.	42/ 87
Puccinia graminis Pers.	44/114
Puccinia pruni spinosae Per.	58/239
Puccinia simplex Erikss. et Henn.	42/ 77
Puccinia triticina Erikss.	42/ 79
Pulvinaria betulae (L.) Sign.	60/248
Pulvinaria vitis	60/248
Pyrausta nubilalis Hübn.	38/ 42
Pythium debaryanum Hesse	44/109

QU

Quadraspidiotus perniciosus Comst.	52/193

R

Ranunculus acer L.	66/290
Ranunculus arvensis L.	66/288
Ranunculus repens L.	66/289
Raphanus Raphanistrum L.	66/291
Rattus norvegicus Berk.	82/454
Rattus rattus L.	82/445
Rhagoletis cerasi L.	50/167
Rhizoctonia solani Kuhn.	46/124
Rhizotrogus solstitialis L. Amphimallus solstitialis	36/ 24
Rhizotrogus solstitialis L.	50/163
Rhynchis interpunctatus	54/207
Rhynchites coeruleus Deg.	54/207
Rhynchites cupreus L.	52/185
Rhyncolus culinaris Germ.	84/466
Rumex Acetosella L.	64/264
Rumex crispus L.	64/265
Rumex domesticus Hartm.	64/263
Rumex obtusifolius L.	64/266

S

Saperda carcharias L.	76/393
Saperda carcharias L.	86/487
Saperda populnea L.	76/394
Saperda populnea L.	86/488
Saperda scalaris L.	86/479
Schizoneura lanigera Hausm.	48/149
Scleranthus annuus L.	64/260
Sclerotinia fructigena Schroet.	56/224
Sclerotinia trifoliorum Erikss.	44/100
Scolytus mali Bechst.	52/177
Scolytus mali Bechst.	76/389
Scolytus multistriatus Marsh.	78/416
Scolytus multistriatus Marsh.	88/504
Scolytus ratzeburgi Jans	72/337
Scolytus rugulosus Ratz.	52/178
Scolytus rugulosus Ratz.	76/390
Scolytus scolytus F.	78/415
Semasia diniana Gn.	76/383
Senecio vulgaris L.	68/306
Septoria apii (Br. et Cav.) Chester	42/ 72
Septoria lycopersici Speg.	42/ 73
Sesia (Trochilium) apiforme L.	72/335
Sesia myopaeformis Borck.	48/126
Simaethis pariana L.	48/129

	pagina/No.
Sinapis arvensis L.	64/261
Sirex gigas L.	86/492
Sisymbrium officinale (L.) Scop.	68/316
Sisymbrium Sophia L.	68/315
Sitona lineata L.	36/ 3
Smerinthus populi L.	76/395
Solanum nigrum L.	68/311
Sonchus arvensis L.	64/275
Sonchus oleraceus L.	64/276
Sparganothis pilleriana Schiff.	60/252
Sphaerotheca pannosa Lev.	56/229
Sphaerotheca mors uvae (Schw.) Berk. et Curt.	58/234
Spongospora subterranea Wall.	44/ 97
Stachys paluster L.	68/322
Stellaria media (L.) Vill.	70/325
Stenocarus fuliginosus Marsh.	38/ 47
Stephanitis pyri F.	48/138
Stereum purpureum Pers.	56/223
Stilpnotia salicis L.	78/424
Symphytum officinale L.	64/269
Synchytrium endobioticum (Schilb.) Perc.	44/ 96

T

Talpa europaea L.	38/ 43
Taphrina cerasi Fuck.	56/220
Taphrina deformans Tul.	56/222
Taphrina (Exoascus) insititiae Sad.	56/230
Taphrina pruni Tul.	56/226
Taraxacum officinale Web.	68/308
Tarsonemus fragariae Zimm.	48/149
Tenebrio molitor L.	82/448
Tetranychus althaeae (telarius) v. Hanst.	60/241
Tetropium castaneum L.	84/463
Tetropium gabrieli Weise.	86/478
Thaumatopoea pinivora Tr.	74/374
Thaumatopoea pityocampa Schiff.	76/396
Thaumatopoea processionea L.	72/342
Thielaviopsis basicola Zopf	46/122
Thlaspi arvense L.	68/314
Tilletia tritici (Bjerk.) Winter	46/119
Tinea granella L.	82/447
Tipula spec., T. paludosa Meig.	40/ 67
Tmetocera ocellana L.	50/169
Tortrix viridana L.	72/343
Trichoscyphella willkommii (Hart.) Nann.	80/435
Tropinota hirta Poda., Cetonia aurata L.	52/190
Trypodendron (Xyleborus) domesticum L.	84/477
Tussilago Farfara L.	66/297

U

Uncinula necator (Schwein.) Burr., Oidium Tuckeri Berk.	62/256
Urocystis occulta Wallr.	44/107
Uromyces phaseoli (Pers.) Winter	42/ 74
Urtica dioica L.	64/271
Urtica urens L.	64/272
Ustilago avenae (Pers.) Jens.	44/ 93

	pagina/No.
Ustilago hordei (Pers.) Kell. et Sw.	42/ 89
Ustilago nuda (Jens.) Kell. et Sw.	42/ 88
Ustilago zeae maydis Ung.	44/105

V

Venturia inaequalis (Cooke) Aderh., Fusicladium dendriticum (Wallr.) Fuck.	58/232
Venturia pirina Ad., Fusicladium pirinum (Lib.) Fuck.	56/212
Veronica agrestis Oeder	64/279
Veronica arvensis L.	64/281
Veronica hederaefolia L.	64/280

	pagina/No.
Verticillium alboatrum Rke. et Berth.	46/120
Vespa crabro L.	74/363
Vespa vulgaris L.	54/204
Vicia Cracca L.	70/328
Vicia hirsuta (L.) S. F. Gray.	70/329
Viola tricolor L.	68/321

X

Xyleborus (Anisandrus) dispar F.	50/160
Xyleborus (Anisandrus) dispar F.	74/362
Xyleborus (Anisandrus) dispar F.	84/471
Xyleborus dryographus Ratz.	86/485
Xyleborus monographus F.	86/486

	pagina/No.
Xyleborus saxeseni Ratz.	50/159
Xyleborus saxeseni Ratz.	84/470
Xyloterus lineatus Oliv.	76/388
Xyloterus lineatus Oliv.	86/484

Y

Yezabura communis Mordw., Sappaphis communis	48/132
Yezabura malifoliae Ficht., Sappaphis plantaginca	48/128

Z

Zabrus tenebrioides Goeze	36/ 18
Zeuzera pyrina L.	48/147
Zeuzera pyrina L.	72/338
Zeuzera pyrina L.	84/455

Dansk sagregister

Det forste tal opgiver siden, det andet löbenumret af skadedyret eller ukrudtet, t. ex. Adonis side 66/ lb. nr. 282. Forekommer skadedyret etc. i forskellige grupper af ordbogen, findes der tilsvarende flere tal som henvisninger.

A

	side/nr.
Adonis	66/282
Æblebladloppe	48/130
Æblehveps	48/134
Æblemeldug	56/210
Æbleskurv	58/232
Æblesnudebille	48/131
Æblespindemøl	48/125
Æblevikler	48/136
Ærtefrøbille	36/ 8
Ærtelus	36/ 7
Ærtemeldug	42/ 83
Ærtesyge	42/ 81
Ærtsmyg	82/442
Æselfoder	64/274
Ager-padderokke	68/317
Ager-ranunkel	66/288
Ageruglen	72/344
Ageruglen	78/426
Agersennep	64/261
Agersnegl	36/ 1
Ager-snerle	64/262
Agerstenfrø	68/320
Ager-svinemælk	64/275
Ager-tidsel	64/273
Agurkmeldug	44/ 92
Aksløber	36/ 18
Alm. Barkbuk Nåletræbuk	84/463
Alm. brandbæger	68/306
Alm. fuglegræs	70/325
Alm. hanekro	66/296
Almindelig hvedemyg	40/ 66
Almindelig oldenborre	38/ 41
Alm. svinemælk	64/276
Alm. stemoderblomst	68/321
Almindelig træbuk	84/459
Alm. vinterkarse	64/267
12-Plettet aspargesbille	40/ 64
Aspargesbille	40/ 63
Aspargesflue	40/ 62
Aspebuk	76/394
Aspebuk	86/488
Atlaskspinder	78/424

B

Bakteriekræft	58/235
Bedeflue	40/ 56
Bedejordloppe	36/ 22
Bedelus	40/ 53
Bedelus Bedebladlus	36/ 4
Bedeskimmel	44/108
Bedetæge	40/ 54
Bidenede ranunkel	66/290
Birkbarkbille	72/337
Birkefrostmåler	72/339
Blåbuk	86/495
Bladhvepse	74/368
Bladlus	36/ 2
Bladlus	48/146
Bladpletsyge hos bederoe	42/ 71
Bladpletsyge på tomat m. fl.	42/ 73

	side/nr.
Blærerust	80/433
Bleg pileurt	66/302
Blodlus	48/148
Blommebladlus	54/208
Blommeheksekoste	56/230
Blommehveps	52/187
Blommepunge	56/226
Blommerust	58/239
Blommevikler	52/188
Blutbladet skræppe	64/266
Bøgeloppe	72/340
Bøgenonne	76/400
Bønnefrøbille	82/451
Bønnerust	42/ 74
Bønnesyge	42/ 80
Borebille	86/483
Brakflue	36/ 16
Branddug	56/219
Burre-snerre	68/307
Byggets stribesyge	46/117
Bygrust	42/ 77
By-skræppe	64/263

C

Clerks minérmøl	52/179
Coloradobille	38/ 27

D

Dækket bygbrand	42/ 89
Den røde æblebladlus	48/128
Den sorte væksthusthrips	36/ 19
Dødningeur	78/411
Dødningeur	86/502

E

Egebuk	84/458
Ege-meldug	80/428
Ege-processionsspinder	72/342
Egevikler	72/343
Elmerust	80/439
Enårig knavel	64/260

F

Ferskenbladet pileurt	68/303
Ferskenbladlus	52/181
Ferskenblæresyge	56/222
Finbladet vejsennep	68/315
Flerfarvet ærenpris	64/279
Fløjelsplet	42/ 76
Flyve-havre	66/284
Følfod	66/297
Fritflue	36/ 12
Frugttræbladhveps	50/164
Frugttræbladhvepsen	52/197
Frugttræspindemide	52/191
Fyrremåler	74/377
Fyrrens sprækkesvamp	80/434
Fyrreskudvikleren	74/371
Fyrrespinder	74/378
Fyrresvaermer	74/376
Fyrreugle	74/370

G

	side/nr.
Gammaugle	74/360
Gåsebille	50/153
Gitterrust	56/211
Glat burre	66/301
Glat vejbred	70/326
Glimmerbøsse	38/ 49
Gloeosporium	56/213
Goldfodsyge	44/111
Gråbynke	64/268
Grå knopvikler	50/168
Gråskimmel	62/255
Granlus (stammeform)	78/409
Granlus (skudform)	78/410
Granrust	80/431
Græssernesmeldug	42/ 90
Grøhårede kålsommerfugl	38/ 50
Grønne æblebladlus	48/127
Guldhale	50/154
Guldhale	74/361
Gulerodsflue	38/ 45
Gul monilia	56/224
Gulrust	42/ 87
Gummiflod	42/ 91
Gyldenlakhjørneklap	68/319

H

Håret kortstråle	66/285
Haglskudsyge	58/233
Halmhveps	36/ 17
Hamp-hanekro	66/295
Havehårmyg	36/ 13
Havreål	36/ 20
Heksekost på kirsebær	56/220
Herkulesmyre, Kæmpemyre	86/491
Hessisk flue	36/ 21
Hindbærbille	50/158
Hindbærsnudebille	48/150
Hindbærsnudebille	50/157
Hindbærstængelsyge	56/231
Hjerteskulpet karse	68/313
Honningsvamp	56/218
Hørrust	42/ 86
Horse-tidsel	64/277
Høsttidløs	66/292
Husbuk	84/468
Husmus	82/444
Hvede brunrust	42/ 79
Hvede stinkbrand	46/119
Hvedeuglen	40/ 65
Hvene	70/330
Hveps	54/204
Hvid okseøje	70/331
Hvidmelet gåsefod	66/287
Hyrdetaske	66/293

I

Iid-poresvamp	80/429

J

	side/nr.
Jordbærbladpletsyge	58/237
Jordbærmide	48/149
Jordkrebs	38/ 44
Jordkrebs	76/385
Jordloppe	36/ 9

K

Kæmpemyre	76/397
Kæmpemyre	86/493
Kålbladlus	38/ 28
Kålbrok	44/101
Kålflue	38/ 32
Kålgallesnudebille	38/ 33
Kålgalmyg	38/ 34
Kålhvers	40/ 55
Kålmøl	38/ 36
Kålskimmel	44/102
Kålugle	38/ 31
Kanadisk bakkestjerne	64/270
Kærgaltetand	68/322
Kær-padderokke	68/318
Kartoffelål	36/ 25
Kartoffelbladpletsyge	42/ 82
Kartoffelbrok	44/ 96
Kartoffelskimmel	44/103
Kartoffelskurv	44/ 98
Kiddike	66/291
Kirsebærbladlus	50/166
Kirsebærflue	50/167
Kirsebærmøl	50/165
Kirsebærskurv	56/221
Kløverens knoldbægersvamp	44/100
Knækkefodsyge	44/ 94
Knækkesygerust	80/432
Knoporm	36/ 10
Kommaskjoldlus	50/170
Kommaskjoldlus	78/414
Kornbille	82/446
Kornblomst	68/305
Kornmøl	82/447
Kornthrips	36/ 15
Kornvalmue	66/300
Korsblomsternes hvidrust	46/118
Kræft	56/227
Krankimmel	46/120
Kronrust	44/104
Krusesygegalmyg	38/ 29
Kruset skræppe	64/265
Krybende potentil	66/283

L

Låden vikke	70/329
Lægekulsukker	64/269
Lærkebladhveps	76/380
Lærkekræft	80/435
Lærkesækmøl	76/382
Lancet vejbred	70/327
Laver	56/216
Lav ranunkel	66/289
Liden nælde	64/272
Lille frostmåler	50/152
Lille frostmåler	74/359
Lille kålsommerfugl	38/ 38
Lille stikkelsbærhveps	52/200
Løgflue	40/ 68
Løgskimmel	42/ 85
Løvskovsnonne	52/198
Løvskovsnonne	78/405
Løvsnudebille	52/192

	side/nr.
Løvsnudebille	52/196
Lucernens rodgnaver	60/243
Lugtløs kamille	66/299

M

Måneplet	76/386
Mælkebøtte	68/308
Majsbrand	44/105
Mark-ærenpris	64/281
Markmus	36/ 11
Markmus	82/443
Matsort ådselbille	40/ 52
Meldrøjer	44/106
Melmøl	82/449
Melskrubbe	82/448
Mider	50/173
Mørk Barkbuk	84/465
Mosegris	54/205
Moskusbuk	86/480
Mos planter	56/225
Muldvarp	38/ 43
Mus	50/172
Muse-vikke	70/328

N

Nikkende tidsel	64/278
Nøddesnudebille	50/155
Nøgen bygbrand	42/ 88
Nøgen havrebrand	44/ 93
Nonne	76/387

O

Oldenborre	50/171
Oldenborre	60/244
Oldenborre	76/384
Opret amarant	66/286
Ørentvist	76/391
Ørentvist	82/450
Øresnudebille	38/ 40

P

Pærebladloppe	48/139
Pærebladpletsyge	58/236
Pæregalmide	48/143
Pæregalmyg	48/140
Pærehveps	48/144
Pæreskurv	56/212
Pengeurt	68/314
Penselspinder	78/404
Pilebladbille	78/419
Pileborer Abn. Gedehams	54/203
Pileborer	78/422
Pileborer	88/507
Plette skjoldbille	40/ 59
Plettet træborer	48/147
Plettet træborer	72/338
Plettet træborer	84/455
Poppelbladbille	78/420
Poppelbuk	76/393
Poppelbuk	86/487
Poppelrust	80/438
Poppelsværmer	76/395
Porremøl	38/ 39
Pulverskurv	44/ 97

R

Rank vejsennep	68/316
Raps-jordloppe	38/ 48
Ringspinder	52/189

	side/nr.
Ringspinder	76/399
Ripsbladlus	50/162
Risbille	82/452
Rodbrand	44/109
Rodhalsgalle	46/123
Rodhalsgalle	58/238
Rodhalsråd; Rodfiltsvamp	46/124
Rød arve	64/259
Røde knopvikler	50/169
Rød hestehov	68/312
Rødknæ	64/264
Rød tvetand	68/323
Rønnebærmøl	48/133
Roeål	40/ 57
Rosenmeldug Ferskenmeldug	56/229
Rugens brunrust	42/ 78
Rugens stængelbrand	44/107

S

Sækmøl på frugttræer	52/176
Salatskimmel	42/ 84
Sand-hanekro	66/294
Selleribladpletsyge	42/ 72
Sellerieflue	40/ 61
Skivesvamp	56/214
Skjoldlus på vin m. fl.	60/247
Skumcikade	78/403
Slimskimmel	44/ 99
Smælder	40/ 58
Smælderlarve	36/ 6
Smælderlarve	72/341
Snadebille	76/402
Snerle-pileurt	68/304
Sneskimmel	44/110
Snudebiller	86/494
Sølvglans	56/223
Sølvkræ	82/453
Sortåret hvidvinge	48/137
Sortåret hvidvinge	72/334
Sortbensyge	44/112
Sort havesnegl	36/ 14
Sort natskygge	68/311
Sort nolte	82/445
Sortrust	44/114
Spansk flue	78/406
Spyd-mælde	68/310
Stængelål	46/116
Stankelbenlarve	40/ 67
St. Hans-oldenborre	50/163
St. hans - oldenborren Brandenborre	36/ 24
St. José-skjoldlus	52/193
Stikkelsbærbladlus	50/161
Stikkelsbærdræber	58/234
Stikkelsbærmåler	54/202
Stikkelsbærmide	54/201
Store brune	76/401
Store frostmåler	50/151
Store frostmåler	74/358
Store gulstribede jordloppe	38/ 30
Store kålflue	40/ 51
Store stikkelsbærhveps	52/199
Stor gedehams	74/363
Stor kålsommerfugl	38/ 37
Stor nælde	64/271
Stribet bladrandbille	36/ 3
Stribet borebille	78/412
Svalehale	40/ 60
Svine-mælde	68/309

T	**U**	Vej-pileurt 68/324
Takkeklap 70/332	Udråbstegnugle 72/333	Vellugtende kamille . . . 66/298
Termitter 86/501	Uldhale 72/336	Vingalmide 60/245
Tolvtandede barkbille . . . 74/367		Vinmeldug 62/256
Tomatsyge 44/115	**V**	Vinskimmel 62/257
Tøndersvamp 80/430	Vædder 86/482	Vinskjoldlus 60/248
Træbuk 84/456	Væksthussnudebille . . . 60/240	
Træhveps 86/492	Væksthusspindemiden . . 60/241	**W**
Typograf 72/353	Vandrerotte 82/454	
Tysk kakerlak Ærtetrøbille . 82/441	Vedbend-ærenpris . . . 64/280	Weymouthsfyrrens blærerust . 80/440

English Subject Index

The first figure gives the page number, the second stands for the serial number of the pest or the weed, i. e. Alfalfa snout beetle Page 60/Serial No. 243. If the pest appears in various groups of the dictionary, there will consequently be several references of figures.

A
	Page/No.
Alder-tree beetle	72/345
Alfalfa snout beetle	38/ 40
Alfalfa snout beetle	60/243
Ambrosia beetle	76/388
Ambrosia beetle	84/477
Ambrosia beetle	86/484
Ambrosia beetle	86/485
Ambrosia beetle	86/486
American gooseberry mildew	58/234
Annual knawel	64/260
Anthracnose of beans	42/ 80
Anthracnose of cucurbits	42/ 69
Aphids	36/ 2
Aphids	48/146
Apple and pear canker	56/227
Apple bark beetle	52/177
Apple bark beetle	76/389
Apple blossom weevil	48/131
Apple bud moth	50/169
Apple bud weevil	48/142
Apple ermine moth	48/125
Apple fruit miner	48/133
Apple fruit moth	48/133
Apple fruit sawfly	48/134
Apple leaf miner	52/179
Apple leaf skeletonizer	48/129
Apple leaf sucker	48/130
Apple mildew	56/210
Apple scab	58/232
Apple sucker	48/130
Apple twigcutter	54/207
Archer's dart	74/375
Asparagus beetle	40/ 63
Asparagus fly	40/ 62
Autumm crocus	66/292

B
	Page/No.
Balsam woolly aphid	78/409
Bark beetle	78/408
Barley leaf stripe	46/117
Bastard oat	66/284
Bean aphid	36/ 4
Bean aphid	40/ 53
Bean rust	42/ 74
Beech-leaf miner beetle	73/340
Beet carrion beetle	40/ 52
Beet eelworm	40/ 57
Beet leaf bug	40/ 54
Beet leaf spot	42/ 71
Beetroot weevil	36/ 5
Bent	70/330
Bibionid fly	36/ 13
Birch sapwood borer	72/337
Bird's tares	70/328
Black arches	76/387
Black bindweed	68/304
Black carpenter-ant	86/491
Black cherry aphid	50/166
Black field slug	36/ 14
Black leg	44/109

	Page/No.
Black leg of potatoes	44/112
Black nightshade	68/311
Black peach aphid	52/180
Black pine bast beetle	74/364
Black rat	82/445
Black root rot of tobacco	46/122
Black rust of cereals and grasses	44/114
Black scab	46/124
Black speck	46/124
Black spot	58/232
Blackveined white	48/137
Blackveined white	72/334
Black vine weevil	60/240
Bladder plums	56/226
Blight of onions	42/ 85
Blister fly	78/406
Blister rust of fiveneedle pines	80/440
Blossom beetle	38/ 49
Bluebottle	68/305
Bordered white	74/377
Branch rust of scots pine	80/432
Brassy fleabeetle	36/ 22
Broad bean weevil	82/451
Broad-leaved dock	64/266
Brown arches	52/198
Brown arches	78/405
Brown leaf weevil	52/196
Brown rat	82/454
Brown rot of apples and pears	56/224
Brown rot of Solanaceae	42/ 75
Brown rust of barley	42/ 77
Brown rust of rye	42/ 78
Brown rust of wheat	42/ 79
Brown scale	54/209
Brown scale	60/247
Brown tailmoth	50/154
Brown tailmoth	74/361
Buff-tip moth	76/386
Bull thistle	64/277
Bunias	70/332
Bunt of wheat	46/119
Butterbur	68/312

C
	Page/No.
Cabbage aphid	38/ 28
Cabbage gall midge	38/ 34
Cabbage gall weevil	38/ 33
Cabbage maggot	38/ 32
Cabbage midge	38/ 29
Cabbage moth	38/ 31
Cabbage root fly	38/ 32
Cabbage stem flea beetle	38/ 48
Canadian fleabane	64/270
Carpenter ant	76/397
Carpenter ant	86/493
Carrot fly	38/ 45
Catchweed	68/307
Celery fly	40/ 61
Celery leafspot	42/ 72

	Page/No.
Cereal eelworm	36/ 20
Charlock	64/261
Cherry and plum canker	58/235
Cherry fruit fly	50/167
Cherry fruit moth	50/165
Cherry scab	56/221
Chickweed	70/325
Cleavers	68/307
Click-beetle	40/ 58
Clouded shield beetle	40/ 59
Clouded tortoise beetle	40/ 59
Clover rot	44/100
Clubroot	44/101
Cochylis moth	60/254
Cockchafer	38/ 41
Cockchafer	60/244
Cock's foot	66/288
Codling moth	48/136
Colorado beetle	38/ 27
Coltsfoot	66/297
Common ash bark beetle	72/347
Common burdock	66/301
Common comfrey	64/269
Common dandelion	68/308
Common earwig	76/391
Common earwig	82/450
Common furniture beetle	78/412
Common hempnettle	66/296
Common horsetail	68/317
Common lappet moth	74/379
Common meadow saffron	66/292
Common orache	68/309
Common orache	68/310
Common scab	44/ 98
Common silvery moth	74/360
Common smut of corn	44/105
Common swallowtail (butterfly)	40/ 60
Common wasp	54/204
Common white wood rot	80/430
Common yellow underwing moth	60/251
Corky scab	44/ 98
Cornbine	64/262
Corn buttercup	66/288
Corn crowfoot	66/288
Cornflower	68/305
Corn gromwell	68/320
Corn ground beetle	36/ 18
Corn mayweed	66/299
Corn pansy	68/321
Corn poppy	66/300
Corn sow thistle	64/275
Corn speedwell	64/281
Corn thrips	36/ 15
Cosmopolitan ambrosia beetle	50/159
Covered smut of barley	42/ 89
Creeping buttercup	66/289
Creeping cinquefoil	66/283
Creeping crowfoot	66/289
Creeping thistle	64/273
Crown gall	46/123

— 102 —

Name	Page/No.
Crown gall	58/238
Crown rust of oats and rye grass	44/104
Cuckoospit insect	78/403
Cucumber gumnosis	42/91
Cucumber mildew	44/92
Culm rot	44/94
Cure all	64/259
Curled dock	64/265
Currant aphid	50/162
Currant moth	54/202
Currant rust	80/440
Cutworm	36/10
Cutworm	72/344
Cutworm	78/426
Cyclamen mite	48/149

D

Name	Page/No.
„Damping off"	44/109
Deep scab	44/98
Death tick	84/476
Death watch	78/412
Death watch	86/502
Diamond-back moth	38/36
Downy hempnettle	66/296
Downy mildew of brassicae	44/102
Downy mildew of lettuce	42/84
Downy mildew of sugar beet	44/108
Downy mildew of vine	62/257
Dry heart rot and leaf spot of beet	44/95
Dutch elm diseases	80/439

E

Name	Page/No.
Early blight of potato	42/82
Ear-piercer	76/391
Ear-piercer	82/450
Earth crab	38/44
Earth crab	76/385
Eight-dentated bark beetle	72/353
Elm blight	80/439
Elm leaf beetle	78/413
Elm tree beetle	78/419
Ergot	44/106
European bean weevil	82/451
European canker of poplar	80/437
European cockchafer	50/171
European cockchafer	60/244
European cockchafer	76/384
European corn borer	38/42
European fruit lecanium	54/209
European grain moth	82/447
European lackey moth	52/189
European lackey moth	76/399
European spittle insect	78/403
European spruce beetle	76/398
Eyespot of cereals	44/94

F

Name	Page/No.
Fall webworm	78/425
Fat hen	66/287
Field bindweed	64/262
Field milk thistle	64/276
Field mouse	36/11
Field mouse	82/443
Field speedwell	64/279
Field vole	36/11
Field vole	82/443
Fiorin	70/330
Fire blight	56/215

Name	Page/No.
Flaatfooted ambrosia beetle	84/474
Flax rust	42/86
Flea beetle	36/9
Flixweed	68/315
Fox coloured sawfly	74/369
Frit fly	36/12
Fruit tree red spider	52/191
Fumagine	56/219
Furniture beetles	86/483
Furniture beetles	86/502
Furniture beetles	88/503
Fusarium patch	44/110
Fusarium wilt	44/110
Fusarium wilt of potato	44/99

G

Name	Page/No.
Gallant soldier	66/285
Garden chafer	50/153
Garden slug	36/14
German chamomile	66/298
German cockroach	82/441
Giant horntail	84/464
Gipsy moth	52/198
Gipsy moth	78/405
Gloeosporium rot	56/213
Goat moth	54/203
Goat moth	78/422
Goat moth	88/507
Golden nematode	36/25
Gold tail	50/154
Gold tail	74/361
Gooseberry aphid	50/161
Gooseberry red spider	54/201
Gooseberry sawfly	52/199
Goosegrass	68/307
Grain thrips	36/15
Grain weevil	82/446
Grape blister mite	60/245
Grape fruit (vine) moth	60/253
Grape phylloxera	60/249
Gray larch moth	76/383
Great black ant	86/491
Great burdock	66/301
Greater plantain	70/326
Great winter moth	50/151
Great winter moth	74/358
Green apple aphid	48/127
Green budworm	50/168
Greenhouse thrips	36/19
Greenhouse white fly	38/35
Green oak leaf roller	72/343
Green peach aphid	52/181
Green potato aphid	38/26
Green rose chafer	52/190
Green veined white (not a crop pest)	38/50
Grey field slug	36/1
Grey fruit tree case moth	52/176
Grey mould	62/255
Groundsel	68/306

H

Name	Page/No.
Hairy tare	70/329
Hairy vetch	70/329
Harvest mouse	36/11
Harvest mouse	82/443
Heart and dart moth	72/333
Heartsease	68/321
Hedge mustard	68/316

Name	Page/No.
Hessian fly	36/21
Hoary cress	68/313
Honeydew	56/219
Hop dog	76/400
Hornet	74/363
Horse daisy	66/299
Horse weed	64/270
House longhorn beetle	84/468
House mouse	82/444
House rat	82/445

I

Name	Page/No.
Imported currant worm	52/199
Ivy-leaved speedwell	64/280

J

Name	Page/No.
Jarr worm	38/44
Jarr worm	76/385

K

Name	Page/No.
Knotgrass	68/324
Knotweed	68/324

L

Name	Page/No.
Lady's thumb	68/303
Larch canker	80/435
Larch casebearer	76/382
Larch leaf miner	76/382
Larch longhorn beetle	86/478
Larch needle cast	80/436
Larch sawfly	76/380
Large ash bark beetle	72/349
Large brown pine weevil	76/401
Large cabbage white butterfly	38/37
Large elm bark beetle	78/415
Large fruit bark beetle	52/177
Large fruit bark beetle	76/389
Large poplar longhorn	76/393
Large poplar longhorn	86/487
Large powder-post beetle	84/473
Larger pith borer	78/417
Late blight	44/103
Late celery blight	42/72
Leaf and pod spot of peas	42/81
Leaf cast of pine and fir	80/434
Leaf fleck of pears	58/236
Leaf mould of tomatoes	42/76
Leaf rust of rye	43/78
Leaf rust of wheat	43/79
Leaf spot of currant and gooseberry	56/214
Leaf spot of pears	58/236
Leaf spot of strawberry	58/237
Leatherjacket	40/67
Leek moth	38/39
Leopard moth	48/147
Leopard moth	72/338
Leopard moth	84/455
Lesser European elm bark beetle	88/504
Lesser pine shoot beetle	78/418
Lichens	56/216
Longhorn beetles	84/456
Loose smut of barley	42/88
Loose smut of oats	44/93
Love-lies-bleeding	66/286
Lyctus powder-post beetle	86/489

M

	Page/No.
Magpie moth	54/202
Mangold fly	40/ 56
Marsh horsetail	68/318
Marsh woundwort	68/322
May bug	38/ 41
May bug	60/244
Meadow buttercup	66/290
Meadow froghopper	78/403
Meadow saffron	66/292
Meal-beetle	82/448
Mealworm	82/448
Mealy apple aphid	48/132
Mealy plum aphid	54/208
Mediterranean flour moth	82/449
Mediterranean fruit fly	50/174
Mice	50/172
Mildew of pea, swede and clovers	42/ 83
Milk thistle	64/275
Minor pine weevil	74/373
Minor pith borer	78/418
Mites	50/173
Mole	38/ 43
Mole-cricket	38/ 44
Mole-cricket	76/385
Moss	56/225
Mottled umber moth	50/151
Mottled umber moth	74/358
Mugwort	64/268
Musk beetle	86/480
Musk thistle	64/278
Mussel scale	50/170
Mussel scale	78/414

N

Naked ladies	66/292
Needle-nosed hop bug	36/ 23
Needle rust of the spruce	80/431
Northern winter moth	72/339
Nun moth	76/387
Nut weevil	50/155

O

Oak beetle	84/459
Oak mildew	80/428
Onion fly	40/ 68
Onion maggot	40/ 68
Oriental fruit moth	52/184
Ox-eye daisy	70/331
Oyster shell scale	52/194

P

Pale persicaria	66/302
Pale tussock	76/400
Pea aphid	36/ 7
Pea beetle	36/ 8
Pea beetle	82/442
Pea weevil	36/ 8
Pea weevil	82/442
Peach leaf curl	56/222
Peach scab	56/228
Peach scale	52/183
Peach shot hole	58/233
Peach twigborer	52/182
Pear and cherry slugworm	52/197
Pear lacebug	48/138
Pear leaf blister mite	48/143

	Page/No.
Pear leaf blister moth	50/175
Pear leaf roller	60/250
Pear midge	48/140
Pear psyllid	48/139
Pear sawfly	48/144
Pear scab	56/212
Pear scale	52/195
Pear slug sawfly	50/164
Pear sucker	48/139
Pennycress	68/314
Pheasant's eye	66/282
Pimpernel	64/259
Pine beauty	74/370
Pinebark beetle	78/417
Pine borer	86/492
Pine hawk	74/376
Pine moth	74/377
Pine lappet moth	74/378
Pine sawfly	74/368
Pine sawyer	86/500
Pine shoot moth	74/371
Pine-stump borer	84/458
Pine-stump borer	84/465
Pin-hole borer	84/460
Plant lice	36/ 2
Plum borer	52/185
Plum fruit moth	52/188
Plum fruit sawfly	52/187
Plum rust	58/239
Plum sawfly	52/186
Pocket plums	56/226
Pod canker	42/ 80
Pod spot	42/ 80
Poplar borer	76/393
Poplar borer	86/487
Poplar hawk	76/395
Poplar and willow borer	72/346
Poplar and willow borer	84/462
Poplar hornet clearwing	72/335
Potato blight	44/103
Potato root eelworm	36/ 25
Potato wart disease	44/ 96
Potato wilt	46/120
Powderpost beetles	84/472
Powdery mildew	56/210
Powdery mildew of cereals and grasses	42/ 90
Powdery mildew of roses and peaches	56/229
Powdery mildew of vine	62/256
Powdery scab of potato	44/ 97
Processionary moth	72/342
Procession caterpillar	72/342
Pythium disease	44/109

R

Rape beetle	38/ 49
Rape flea beetle	38/ 48
Raspberry beetle	50/158
Red deadnettle	68/323
Red fire disease	62/258
Red hempnettle	66/294
Red plum maggot	52/188
Red poplar leaf beetle	78/420
Red poppy	66/300
Red-root pigweed	66/286
Redshank	68/303
Red spider mite	60/241
Red tail moth	76/400

	Page/No.
Rib grass	70/327
Ribwort plantain	70/327
Rice weevil	82/452
Ringworm	48/145
Root rot	44/ 94
Root-rot honey agaric	56/218
Root weevil	38/ 40
Rose chafer	52/190
Rose tortrix moth	50/156
Rosy apple aphid	48/128
Roundheaded borers	84/456
Rust mite	60/242

S

San José scale	52/193
Satin moth	78/424
Sawyer	86/499
Scab of cucumbers	42/ 91
Scarlet	64/259
Scentless mayweed	66/299
Scotch thistle	64/274
Seed-corn maggot	40/ 51
Sharp-dentated bark beetle	74/366
Sheep's sorrel	64/264
Shepherd's pouch	66/293
Shepherd's purse	66/293
Ship-timber beetle	86/498
Shot-hole borer	50/160
Shot-hole borer	74/362
Shot-hole borer	76/390
Shot-hole borer	84/471
Shothole borer, Small fruit bark beetle	52/178
Silverfish	82/453
Silver green leaf weevil	52/192
Silver leaf	56/223
Six-dentated bark beetle	72/355
Six-dentated bark beetle	74/367
Small cabbage white butterfly	38/ 38
Small-egger moth	72/336
Smaller elm bark beetle	78/416
Small fruit bark beetle	52/178
Small fruit bark beetle	76/390
Small gooseberry sawfly	52/200
Small nettle	64/272
Small poplar borer	76/394
Small poplar borer	86/488
Small poplar longhorn	76/394
Small red belted clearwing	48/126
Small shot-hole borer	50/159
Small shot-hole borer	84/470
Small winter moth	50/152
Small winter moth	74/359
Snow mould	44/110
Social pear sawfly	48/141
Sow thistle	64/276
Spanish fly	78/406
Spear thistle	64/277
Spinach leaf miner	40/ 56
Spotted asparagus beetle	40/ 64
Spur blight of raspberry	56/231
Stalk smut	44/107
Stem and eelworm bulb	46/116
Stem break	44/ 94
Stem rot	44/100
Stem rust	44/114
Stinging nettle	64/271
Stinking smut	46/119
Stone seed	68/319

— 104 —

	Page/No
Strawberry blossom weevil	48/150
Strawberry blossom weevil	50/157
Striped pea and bean weevil	36/ 3
Stripesmut of rye	44/107
Subterranean vole	54/206
Sugar-mite	82/453
Summer chafer	36/ 24
Summer chafer	50/163
Sweet silique	70/332

T

	Page/No
Take-all and whiteheads of cereals	44/111
Tanbark borer	86/497
Tarsonemid mite	48/149
Termites	86/501
Timber worm	84/457
Tinder fungus	80/430
Tomato fruit rot	44/113
Tomato leaf spot	42/ 73
Tomato stem rot	44/115
Toothlegged flea beetle	36/ 22
Tortrix moth	48/135
Treacle mustard	68/319
Tufted vetch	70/328
Turnip flea beetle	38/ 30
Turnip moth	36/ 10
Turnip moth	72/344
Turnip moth	78/426

	Page/No.
Turnip sawfly	40/ 55
Tussock moth	78/404

U

	Page/No.
Unspotted aspen leaf beetle	78/421

V

	Page/No.
Vapourer moth	78/404
Vascular wilt	46/120
Vine louse	60/249
Vine moth	60/254

W

	Page/No.
Wall speedwell	64/281
Water vole	54/205
Waybread	70/326
Way thistle	64/273
Weevils	86/494
Western grape rootworm	60/246
Wheat bulb fly	36/ 16
Wheat midge	40/ 66
Wheat stem sawfly	36/ 17
White ants	86/501
White blister of Crucifers	46/118
White charlock	66/291
White line dart moth	40/ 65
White rust	46/118
Wild chamomile	66/298
Wildfire of tobacco	46/121

	Page/No.
Wild oat	66/284
Wild radish	66/291
Wilt of clover and alfalfa	44/100
Winter cress	64/267
Winter moth	50/152
Winter moth	50/158
Winter moth	74/359
Wireworm, Click-beetle	40/ 58
Wireworms	36/ 6
Wireworms	72/341
Witches'-broom of cherries	56/220
Witches'-broom of plums	56/230
Wood leopard moth	48/147
Wood leopard moth	72/338
Wood leopard moth	84/455
Wood wasp, giant horntail	84/464
Wood wasp, pine borer	86/492
Wood worm	78/412
Wood worm	86/483
Woolly aphid	48/148
Wolly apple aphid	48/148
Wolly currant scale	60/248

Y

	Page/No.
Yellow rocket	64/267
Yellow rust of cereals and grasses	42/ 87
Yellow tailmoth	50/154
Yellow tailmoth	74/361

Index alphabétique français

Le premier chiffre indique la page, le second le numéro courant du parasite ou de la mauvaise herbe, p. ex. Adonis d'été, Goutte de sang page 66, numéro courant 282. Si le parasite ou la mauvaise herbe figure dans divers groupes du Dictionnaire, il s'y trouvera plusieurs indications relatives.

Page/Nr.

A

Acariens	50/173
Acariose de la vigne	60/242
Adonis d'été, Goutte de sang	66/282
Aleurode des serres	38/ 35
Alternariose de la pomme de terre	42/ 82
Altise	36/ 9
Altise de la betterave	36/ 22
Altise du colza et du navet	38/ 48
Altise, Puce de terre	38/ 30
Amadouvier	80/429
Amarante	66/286
Anguillule de la betterave	40/ 57
Anguillule de la tige	46/116
Anthonome du fraisier	48/150
Anthonome du fraisier	50/157
Anthonome d'hiver du poirier	48/142
Anthonome du pommier	48/131
Anthracnose des cucurbitacées	42/ 69
Anthracnose du groseillier	56/214
Anthracnose du haricot	42/ 80
Anthracnose du pois	42/ 81
Aphides, Pucerons	36/ 2
Aphrophore écumeuse	78/403
Araignée rouge	52/191
Araignée rouge	54/201
Armoise vulgaire	64/268
Aromie musquée	86/480
Arpenteuse du hêtre	72/339
Arpenteuse, Phalène du pin	74/377
Arroche étalée	68/309
Arroche sauvage	68/310
Asemum	84/458

B

Bactériose du tabac	46/121
Bactériose vasculaire des solanacées	42/ 75
Balai de sorcière du cerisier	56/220
Balai de sorcière du prunier	56/230
Balanin des noisettes	50/155
Bibion des jardins	36/ 13
Blanc des graminées	42/ 90
Blanc du groseillier	58/234
Blanc ou mildiou de la laitue	42/ 84
Blatte germanique	82/441
Bleuet	68/305
Bombyx à livrée	52/189
Bombyx à livrée	76/399
Bombyx bucéphale	76/386
Bombyx chrysorrhée, Cul-brun	50/154
Bombyx chrysorrhée, Cul-brun	74/361
Bombyx disparate, Spongieuse	52/198
Bombyx disparate, Spongieuse	78/405
Bombyx du pin	74/378
Bombyx du saule	78/424
Bombyx feuille morte	74/379
Bombyx laineux	72/336
Bombyx pinivore	74/374
Bonne dame, Arroche sauvage	68/310

Page/Nr.

Bostryche	84/472
Bostryche à 6 dents	74/366
Bostryche capucin	84/473
Bostryche chalcographe	72/355
Bostryche curvidenté	78/408
Bostryche de l'épicéa	72/353
Bostryche granuleux	72/354
Bostryche liséré	76/388
Bostryche liséré	84/477
Bostryche liséré	86/484
Bostryche monographe	86/486
Bostryche xylographe	50/159
Bostryche xylographe	84/470
Bourse à pasteur	66/293
Bruche des fèves	82/451
Bruche des pois	36/ 8
Bruche des pois	82/442
Bunias	70/332
Bupreste du poirier	48/145
Bryobe, Araignée rouge	54/201

C

Cafard germanique	82/441
Callidie bleu violet	86/495
Callidie bronzée	86/496
Callidie de l'épicéa	84/463
Campagnol des champs	36/ 11
Campagnol des champs	82/443
Campagnol souterrain	54/206
Campagnol terrestre	54/205
Cancer végétal, Crown-gall	46/123
Cancer végétal, Crown-gall	58/238
Cantharide	78/406
Capricornes	84/456
Carpocapse des prunes	52/188
Carpocapse, "Ver des fruits"	48/136
Carie du blé	46/119
Casside de la betterave	40/ 59
Cécidomyie du blé	40/ 66
Cécidomyie du chou	38/ 29
Cécidomyie du chou	38/ 34
Cécidomyie des poirettes	48/140
Cèphe des chaumes	36/ 17
Cercosporiose de la betterave	42/ 71
Cétoine velue	52/190
Ceutorrhynque	38/ 46
Chambreule	66/294
Chancre bactérien du cerisier	58/235
Chancre de la tomate	44/115
Chancre du mélèze et du pin sylvestre	80/435
Chancre du peuplier	80/437
Chancre du pommier	56/227
Charançon, Cryptorhynque de l'aulne	72/346
Charançon de l'aulne	84/462
Charançon du blé	82/446
Charançon du chou	38/ 33
Charançon du riz	82/452
Charançons	86/494
Charbon couvert de l'orge	42/ 89
Charbon de l'orge	42/ 88

Page/Nr.

Charbon des tiges de seigle	44/107
Charbon du maïs	44/105
Charbon nu de l'avoine	44/ 93
Chardon à feuilles lancéolées	64/277
Chardon aux ânes	64/274
Chardon des champs	64/273
Chardon penché	64/278
Cheimatobie, Phalène hyémale	50/152
Cheimatobie, Phalène hyémale	74/359
Chenille mineuse, Mineuse sineuse	52/179
Chénopode ansérine	66/287
Chermès cortical du sapin pectiné	78/409
Chrysanthème des moissons	70/331
Chrysomèle du peuplier	76/392
Chrysomèle du peuplier	78/420
Chrysomèle du tremble	78/421
Chrysomèle jaune du pin	74/365
Cigarier	60/250
Ciron, Taragnon, Hylésine de l'olivier	72/350
Cirse, Chardon des champs	64/273
Cladosporiose du melon et du concombre	42/ 91
Cladosporiose de la tomate	42/ 76
Cléone de la betterave	36/ 5
Cloque du pêcher	56/222
Clyte	86/482
Cochenille floconneuse, Rouge de la vigne	60/248
Cochenille ostréiforme	52/194
Cochenille rouge du poirier	52/195
Cochenille virgule	50/170
Cochenille virgule	78/414
Cochylis	60/254
Colchique	66/292
Coléophore des arbres fruitiers	52/176
Coquelicot	66/300
Coquette	48/147
Coquette	72/338
Coquette	84/455
Cossus gâte-bois	54/203
Cossus gâte-bois	78/422
Cossus gâte-bois	88/507
Courtilière commune, Taupe grillon, Taupette	38/ 44
Courtilière commune, Taupe grillon, Taupette	76/385
Criocéphale rustique	84/465
Criocère à douze points	40/ 64
Criocère de l'asperge	40/ 63
Cryptorhynque de l'aune	72/346
Cul-brun	50/154
Cul-brun	74/361

D

Dent-de-lion, Pissenlit	68/308
Didymella, Dessèchement des rameaux du framboisier	56/231
Doryphore de la pomme de terre	38/ 27

	Page/Nr.
E	
Ecaille fileuse	78/425
Ecrivain	60/246
Epiaire des marais	68/322
Epi du vent, Agrostis	**70/330**
Ergate forgeron	86/481
Ergot du seigle	44/106
Erinose de la vigne	60/245
Eudémis	60/253
F	
Fausse camomille	66/298
Faux amadouvier	80/430
Folle avoine	66/284
Fonte des semis	44/109
Forficule, perce-oreilles	76/391
Fourmi	76/397
Fourmi	86/491
Fourmi	86/493
Frelon	74/363
Fumagine	56/219
Fusariose, Moisissure des neiges	44/110
G	
Gaillet-gratteron	68/307
Gale ordinaire de la pomme de terre	44/ 98
Gale poudreuse des pommes de terre	44/ 97
Gale verruqueuse de la pomme de terre	44/ 96
Galéruque de l'aulne	72/345
Galéruque de l'orme	78/413
Galéruque du saule	78/419
Galinsoga	66/285
Glouteron	**66/301**
Goutte de sang	66/282
Grand Bostryche du mélèze	76/381
Grand Bostryche du Pin cembro	78/427
Grand Capricorne	84/459
Grand charançon noir	76/402
Grand plantain	70/326
Grand portequeue	40/ 60
Grand scolyte de l'orme	78/415
Grande consoude	64/269
Grande ortie, ortie dioïque	64/271
Grémil des champs	68/320
Gribouri, Ecrivain	60/246
Guêpe commune	54/204
Guêpe frelon, Frelon	74/363
Gueule-de-chat	66/295
H	
Hanneton commun	38/ 41
Hanneton commun	50/171
Hanneton commun	60/244
Hanneton commun	76/384
Hanneton de la St. Jean	36/ 24
Hanneton de la St. Jean	50/163
Hanneton des jardins	50/153
Herbe de Sainte Barbe	64/267
Hernie du chou, gros-pied	44/101
Hoplocampe des prunes	52/186
Hoplocampe des prunes	52/187
Hoplocampe du poirier	48/144
Hoplocampe du pommier	48/134
Horloge de la mort, Vrillette domestique	78/412

	Page/Nr.
Hylésine crénelé	72/349
Hylésine de l'olivier	72/350
Hylésine du frêne	72/347
Hylésine du pin	78/417
Hylésine géant	76/398
Hylésine mineur de l'épicéa	72/351
Hylésine mineur du pin	78/418
Hylésine noir du pin	74/364
Hylobe du pin	76/401
Hylotrupe	84/468
Hyponomeute du pommier	48/125
J	
Jambe noire	44/112
L	
Laiteron des champs	64/275
Laiteron maraîcher	64/276
Lamia	88/505
Lecanium de la vigne	60/247
Lecanium du cornouiller	54/209
Lecanium du pêcher	52/183
Lichens	56/216
Limace des jardins	36/ 14
Longicorne du hêtre	86/497
Lophyre du pin	74/368
Lophyre roux	74/369
Lyctus, Bostryche	84/472
Lyda champêtre	74/372
Lyda de l'épicéa	72/356
Lyda du poirier	48/141
Lyméxylon	86/498
M	
Maladie à sclérotes des légumineuses	44/100
Maladie bactérienne des rosacées	56/215
Maladie criblée	58/233
Maladie de l'orme	80/439
Maladie des pochettes	56/226
Maladie des pousses de pomme de terre	46/124
Maladie jaune	46/120
Maladie rouge du pin	80/434
Maladie striée de l'orge	46/117
Matricaire inodore	66/299
Méligèthe du colza	38/ 49
Mildiou de la betterave	44/108
Mildiou de la pomme de terre	44/103
Mildiou de la vigne	62/257
Mildiou de l'oignon	42/ 85
Mildiou des crucifères	44/102
Mineuse des feuilles du pommier	50/175
Moisissure des neiges	44/110
Moniliose	56/224
Morelle noire	68/311
Mouche de Hesse	36/ 21
Mouche de la betterave	40/ 56
Mouche de la carotte	38/ 45
Mouche de l'asperge	40/ 62
Mouche de l'échalote	40/ 51
Mouche de l'oignon	40/ 68
Mouche des cerises	50/167
Mouche méditerranéenne des fruits	50/174
Mouche du blé	36/ 16

	Page/Nr.
Mouche du céleri	40/ 61
Mouche du chou	38/ 32
Mouron des oiseaux	70/325
Mouron rouge	64/259
Mousses	56/225
Moutarde des champs, Sanve	64/261
Mycosphaerella	80/436
N	
Némate de l'épicéa	72/352
Nématode des céréales	36/ 20
Nématode des racines de la pomme de terre	36/ 25
Noctuelle des moissons	36/ 10
Noctuelle des moissons	72/344
Noctuelle des moissons	78/426
Noctuelle des pins	74/375
Noctuelle du chou	38/ 31
Noctuelle du froment	40/ 65
Noctuelle du pin	74/370
Noctuelle fiancée	60/251
Noctuelle gamma	74/360
Noctuelle point d'exclamation	72/333
Nonne	76/387
O	
Obérée du noisetier	84/467
Obérée du noisetier	88/506
Oïdium	62/256
Oïdium des légumineuses	42/ 83
Oïdium du chêne	80/428
Oïdium du melon	44/ 92
Oïdium du pommier	56/210
Oïdium du rosier et du pêcher	56/229
Orcheste du hêtre	72/340
Orgyie antique	78/404
Orgyie pudibonde, Orgyie du hêtre	76/400
Ortie brûlante	64/272
Ortie dioïque	64/271
Ortie grande	64/271
Ortie rouge	68/323
Ortie royale	66/296
Oscinie, mouche de Frit	36/ 12
Oseille à feuille de patience	64/265
Oseille ronde, Rumex	64/263
Otiorrhynque de la livèche	38/ 40
Otiorrhynque de la livèche	60/243
Otiorrhynque de la vigne	60/240
P	
Pas-d'âne, Tussilage	66/297
Passerage, Pain blanc	68/313
Patience	64/266
Pensée sauvage	68/321
Perce-oreille	76/391
Perce-oreille	82/450
Peridermium	80/433
Persicaire douce	68/303
Pétasite vulgaire	68/312
Petit bostryche du sapin	78/407
Petit capricorne	84/469
Petit liseron	64/262
Petit poisson d'argent	82/453
Petit scolyte de l'orme	88/504
Petit scolyte de l'orme	78/416
Petite limace grise	36/ 1
Petite oseille	64/264

	Page/Nr.
Phalène défeuillante	50/151
Phalène défeuillante	74/358
Phalène du groseillier	54/202
Phalène hiémale	50/152
Phalène hiémale	74/359
Phalène du pin	74/377
Phyllobie coupe-bourgeons	52/196
Phyllobius argenté	52/192
Phylloxéra de la vigne	60/249
Phytopte du poirier	48/143
Phytopte (érinose) de la vigne	60/245
Pied noir de la betterave	44/95
Pied noir, Fonte des semis	44/109
Piéride de l'aubépine	48/137
Piéride de l'aubepine	72/334
Piéride de la rave	38/38
Piéride du chou	38/37
Piéride du navet	38/50
Piétin des céréales	44/111
Piétin verse du blé	44/94
Pissode du pin	74/373
Pissode résineux	74/357
Plagionotus	84/461
Plantain lancéolé	70/327
Platypus	84/460
Platypus	84/474
Plomb des arbres	56/223
Poisson d'argent	82/453
Polystigma	56/217
Potentille	66/283
Pou de San José	52/193
Pourridié des racines	56/218
Pourriture amère des pommes	56/213
Pourriture blanche de la pomme de terre	44/99
Pourriture des feuilles de betterave	42/70
Pourriture des fruits de la tomate	44/113
Pourriture des racines	46/122
Pourriture grise	62/255
Prêle, Queue-de-rat	68/317
Processionnaire du chêne	72/342
Processionnaire du pin	76/396
Psylle du poirier	48/139
Psylle du pommier	48/130
Ptilinus	86/490
Puce de terre	38/30
Pucerons	36/2
Pucerons	48/146
Puceron cendré du chou	38/28
Puceron cendré du pommier	48/132
Puceron de la pomme de terre	38/26
Puceron gris du pêcher	52/181
Puceron gris vert du pêcher	54/208
Puceron jaune du groseillier	50/162
Puceron lanigère	48/148
Puceron noir de la betterave	40/53
Puceron noir des fèves	36/4
Puceron noir du cerisier	50/166
Puceron noir du pêcher	52/180
Puceron rose du pommier	48/128
Puceron vert du groseillier	50/161
Puceron vert du pois	36/7
Puceron vert du pommier	48/127
Punaise de la betterave	40/54
Punaise des poires	36/23
Pyrale de la vigne	60/252
Pyrale des pousses	74/371
Pyrale du maïs	38/42
Pyrale grise du mélèze, Pyrale grise	76/383

QU

Queue-de-cheval	68/318
Queue-de-rat	68/317

R

Rat noir	82/445
Ravenelle	66/291
Renoncule âcre	66/290
Renoncule des champs	66/288
Renoncule rampante	66/289
Renouée à feuilles de patience	66/302
Renouée des oiseaux	68/324
Renouée liseron	68/304
Rhynchite cuivré	52/185
Rhynchite coupe-bourgeon	54/207
Rhyncholus charançon	84/466
Rouge de la vigne	60/248
Rougeot	62/258
Rouille blanche des crucifères	46/118
Rouille brune du blé	42/79
Rouille brune du seigle	42/78
Rouille courbeuse	80/432
Rouille couronnée de l'avoine	44/104
Rouille de l'épicéa	80/431
Rouille de l'orge	42/77
Rouille des haricots	42/74
Rouille du lin	42/86
Rouille du peuplier	80/438
Rouille du prunier	58/239
Rouille grillagée du poirier	56/211
Rouille jaune	42/87
Rouille noire	44/114
Rouille vésiculeuse du pin Weymouth	80/440

S

Sanve	64/261
Saperde	86/479
Saperde chagrinée	76/393
Saperde chagrinée	86/487
Saperde du peuplier	86/488
Saperde du tremble, Saperde du peuplier	76/394
Scléranthe commun	64/260
Scolyte	72/337
Scolyte	72/348
Scolyte	74/367
Scolyte du pommier	52/177
Scolyte du pommier	76/389
Scolyte rugueux	52/178
Scolyte rugueux	76/390
Séneçon commun	68/306
Septoriose de la tomate	42/73
Septoriose du céleri	42/72
Septoriose du poirier	58/236
Sésie du peuplier	72/335
Sésie du pommier	48/126
Silphe opaque	40/52
Sirex commun	84/464
Sirex géant	86/492
Sisymbre officinal	68/316
Sisymbre sagesse	68/315
Sitone des pois	36/3
Souris	50/172
Souris	82/444
Sphinx du peuplier	76/395
Sphinx du pin	74/376
Spongieuse	52/198
Spongieuse	78/405
Surmulot	82/454

T

Tabouret des champs	68/314
Taches brunes des feuilles du fraisier	58/237
Taragnon	72/350
Tarsonème du fraisier	48/149
Taupe	38/43
Taupe grillon	38/44
Taupe grillon	76/385
Taupette	38/44
Taupette	76/385
Taupin, Ver fil de fer	40/58
Taupin, Ver fil de fer	36/6
Taupin, Ver fil de fer	72/341
Tavelure du cerisier	56/221
Tavelure du pêcher	56/228
Tavelure du poirier	56/212
Tavelure du pommier	58/232
Teigne de la farine	82/449
Teigne des crucifères	38/36
Teigne des feuilles du pommier	48/129
Teigne des fleurs du cerisier	50/165
Teigne des grains	82/447
Teigne du pêcher	52/182
Teigne du poireau	38/39
Teigne du pommier	48/133
Teigne mineuse du mélèze	76/382
Tenthrède de la rave	40/55
Tenthrède du mélèze	76/380
Tenthrède jaune du groseillier	52/199
Tenthrède limace	50/164
Tenthrède limace	52/197
Tenthrède noire du groseillier	52/200
Termites, Fourmis blanches	86/501
Tétranyque tisserand	60/241
Tétrops	86/478
Thrips des céréales	36/15
Thrips des serres	36/19
Tigre du poirier	48/138
Tipule	40/67
Tordeuse du sapin blanc	78/411
Tordeuse orientale du pêcher	52/184
Tordeuse verte	50/156
Tordeuse verte de la pelure	48/135
Tordeuse verte des arbres fruitiers	50/168
Tordeuse verte du chêne	72/343
Tussilage	66/297

U

Urbec, Cigarier	60/250

V

Vélar fausse giroflée	68/319
Ver de farine	82/448
Ver des bourgeons	50/169
Ver des framboises	50/158
„Ver des fruits"	48/136
Ver fil de fer	36/6
Ver fil de fer	40/58
Ver fil de fer	72/341

	Page/Nr.
Vergerette du Canada	64/270
Véronique des champs	64/279
Véronique	64/281
Véronique à feuille de lierre	64/280
Vesce craque	70/328
Vesceron	70/329
Vrillettes	86/483
Vrillette domestique	78/412
Vrillette domestique	86/502
Vrillette domestique	88/503
Vrillette molle	84/476

X

	Page/Nr.
Xylébore, Bostryche xylographe	50/159
Xylébore	50/60
Xylébore disparate	74/362
Xylébore disparate	84/471

Z

	Page/Nr.
Zabre bossu	36/18
Zeuzère du poirier, Coquette	48/147
Zeuzère du poirier, Coquette	72/338
Zeuzère du poirier, Coquette	84/455

Indice terminologico italiano

Il primo numero indica la pagina, il **secondo il numero c**orrente dell'insetto od in genere animale nocivo o della malerba p. e. Acari pag. 51/No. corrente 173. Se l'animale nocivo è menzionato in diversi gruppi del Dizionario, si troveranno indicati più numeri relativi.

Pagina/No.

A

Acanzio	65/274
Acari	51/173
Acariosi della vite	61/242
Acaro della fragola	49/149
Acetosa minore	65/264
Adonide	67/282
Afide ceroso del cavolo	39/ 28
Afide dei germogli degli abeti	79/410
Afide dei rami di abete bianco	79/409
Afide del ribes	51/162
Afide della fava	37/ 4
Afide della patata	39/ 26
Afide farinoso del pesco	55/208
Afide lanigero del melo	49/148
Afide nerastro del ciliegio	51/166
Afide nero della fava	41/ 53
Afide, Pidocchio dell'uva spina	51/161
Afide verdastro del melo	49/128
Afide verdastro delle foglie del melo	49/132
Afide verde del melo	49/127
Afide verde del pesco	53/181
Afidi	37/ 2
Afidi	49/146
Afidone verdastro del pisello	37/ 7
Agrilo del pero	49/145
Aleurode del cavolo	39/ 35
Alternaria, Nebbia, Seccume primaverile delle patate	43/ 82
Altica della colza	39/ 48
Altica della rapa e del cavolo	39/ 30
Altica delle rape	37/ 22
Altiche, Pulci di terra	37/ 9
Amaranto	67/286
Anagallide	65/259
Anguillula della barbabietola	37/ 20
Anguillula delle barbabietole ecc.	41/ 57
Anguillula dello stelo	47/116
Anguillula dorata della patata	37/ 25
Annerimento delle foglie della bietola	43/ 70
Anobiidi	87/483
Anobio ostinato, Tarlo dei mobili	79/412
Anobio ostinato, Tarlo dei mobili	89/503
Anobio striato	87/502
Antonomo del melo	49/131
Antonomo del pero	49/142
Antonomo delle fragole e dei lamponi	49/150
Antonomo delle fragole e dei lamponi	51/157
Antracnosi dei fagioli	43/ 80
Antracnosi del pisello	**43/ 81**
Aparine	69/307

Pagina/No.

Aromia musciata, Cerambice dei salici	87/480
Arrossamento delle foglie del pino	81/434
Artemisia	65/268
Arvicola	55/205
Arvicola campagnola	37/ 11
Arvicola campagnola	83/443
Arvicole	51/172
Asemino dei pini morti e delle ceppaie	85/458
Atriplice comune	69/310
Avena selvatica	67/284
Avvizzimento batterico del pomodoro	43/ 75

B

Balanino delle nocciuole	51/155
Barbarea	65/267
Bardana	67/301
Batteriosi del tabacco	47/121
Bibio	37/ 13
Blattella germanica	83/441
Bolla delle foglie del ciliegio	57/220
Bolla, Lebbra delle foglie del pesco	57/222
Bombice antico	79/404
Bombice bianco del salice	79/424
Bombice del ciliegio	73/336
Bombice del pino	75/378
Bombice dispari	53/198
Bombice dispari	79/405
Bombice foglia di quercia	75/379
Bombice gallonato	53/189
Bombice gallonato	77/399
Borsa pastorizia	67/293
Bostrico acuminato	75/366
Bostrico, Apate cappuccino	85/473
Bostrico calcografo	73/355
Bostrico dai denti curvi	79/408
Bostrico dai sei denti	75/367
Bostrico delle conifere	79/427
Bostrico del pino cembro	77/381
Bostrico dispari	51/160
Bostrico dispari	75/362
Bostrico dispari	85/471
Bostrico domestico	85/477
Bostrico lineato	77/388
Bostrico lineato	87/484
Bostrico monografo, Xileboro delle querce	87/486
Bostrico tipografo	73/353
Bozzacchioni del susino	57/226
Briobia	55/201
Bruco peloso degli alberi da frutto	51/154
Bruco peloso degli alberi da frutto	75/361
Bucefala	77/386
Bunia orientale	71/332

Pagina/No.

C

Calabrone	75/363
Calandra, Punteruolo del grano	83/446
Callidio dorato	87/496
Callidio viola	87/495
Camomilla	67/298
Camponoto ercoleano	87/491
Canapa selvatica	67/295
Canapa selvatica	67/296
Cancrena della patata	45/112
Cancro batterico del ciliegio	59/235
Cancro del faggio, del larice e del melo	81/435
Cancro del melo e del pero	57/227
Cancro del pioppo canadese	81/437
Cancro o Marciume del fusto del pomodoro	45/115
Cantaride	79/406
Carbone coperto dell'orzo	43/ 89
Carbone dell'avena	45/ 93
Carbone del culmo della segala	45/107
Carbone del granoturco	45/105
Carbone nudo dell'orzo	43/ 88
Cardo rosso	65/278
Carie del frumento, o Volpe	47/119
Carie del pomodoro	45/113
Carpocapsa, Bruco, Verme delle pere e delle mele	49/136
Carruga degli orti	51/153
Cassida delle barbabietole	41/ 59
Cavolaccio	69/312
Cavolaia maggiore	39/ 37
Cecidomia dei cavoli	39/ 29
Cecidomia dei cavoli	39/ 34
Cecidomia del grano	41/ 66
Cecidomia delle perine	49/140
Cefo del grano	37/ 17
Centigrani	65/260
Centocchio	71/325
Cerambice dell'abete rosso	85/463
Cerambice del nocciuolo	85/467
Cerambice delle querce	85/459
Cerambici delle querce, dei castagni, degli olmi, delle piante da frutto	85/469
Cerambici, Longicorni	85/456
Cercospora della bietola	43/ 71
Cetoniella irta, Cetonia irtella, Tropinota	53/190
Cicerbita	65/276
Cimice delle pere	37/ 23
Cimice delle rape, C. della barbabietola	41/ 54
Cinquenervi	71/327
Cirsio	65/277
Cladosporiosi dei cetrioli	43/ 91
Cleonino della bietola	37/ 5
Clito arcuato	85/461

— 110 —

	Pagina/No.
Clito degli alberi e degli arbusti	87/482
Cocola	69/313
Cocciniglia a virgola degli alberi da frutto	51/170
Cocciniglia a virgola degli alberi da frutto	79/414
Cocciniglia del corniolo o Cocciniglia gobba	55/209
Cocciniglia della vite e del corniolo	61/247
Cocciniglia di San José	53/193
Cocciniglia grigia del pero	53/195
Cocciniglia ostreiforme o gialla del melo e pero	53/194
Coda cavallina	69/317
Colchico	67/292
Consolida maggiore	65/269
Convolvolo nero	69/304
Correggiola	69/324
Correggiola minore	69/318
Cota-buona, Margherita	71/331
Crescione selvatico	67/289
Crespino dei campi	65/275
Crifalo dell'abete bianco	79/407
Crifalo dell'abete rosso	73/354
Criocefalo rustico	85/465
Criocera degli asparagi	41/63
Criocera dai dodici punti	41/64
Criptocefalo del pino	75/365
Criptorrinco, Punteruolo dei pioppi e dei salici	85/462
Crisomela dell' ontano	73/345
Crisomela del pioppo	79/420
Crisomela del pioppo	77/392
Crisomela del pioppo tremolo	79/421
Croesto, Macchie rosse delle foglie del prugno	57/217
Curculionide dei faggi	85/466
Curculionidi, Punteruoli	87/494

D

Dasichira	77/400
Defogliatrice degli alberi fruttiferi	75/358
Defogliatrice degli alberi fruttiferi	51/151
Defogliazione del larice	81/436
Dente di leone, Soffione	69/308
Disseccamente dei rami di lampone	57/231
Dorifora della patata (e delle melanzane)	39/27

E

Ederella	65/281
Elateride dei cereali	41/58
Eliotripide emorroidale	37/19
Erba calderina	69/306
Erba cornacchia	69/316
Erba correggiola	69/309
Erba morella	69/311
Erba Sofia, Accipitrina	69/315
Erba storna	69/314
Erba strega	69/322
Ergate	87/481
Eriofide della vite	61/245
Eriofide del pero	49/143

	Pagina/No.
Erisimo	69/319
Ernia del cavolo	45/101
Erniobo delle conifere	85/476

F

Falena degli alberi fruttiferi	75/359
Falena degli alberi da frutto	51/152
Falena del faggio	73/339
Falsa Tignola del grano	83/447
Farfaro	67/297
Farinaccio	67/287
Ferretti, Bisciole, Elateridi	73/341
Ferretti, Elateridi, Bisciole	37/6
Fillobio argentato	53/192
Fillobio oblungo	53/196
Filossera della vite	61/249
Fimatode testaceo	87/497
Fitoftora o Peronospora della patata	45/103
Fiordaliso	69/305
Forfecchia	77/391
Forfecchia	83/450
Formica mordilegno	77/397
Formica rodilegno, Camponoto	87/493
Fumaggine delle vite	57/219
Fungo dell'esca	81/430
Fungo del salice	81/429

G

Galerucella delle piante da frutto	79/419
Galerucella luteola dell'olmo	79/413
Gallinaccia	67/294
Galinsoga	67/285
Geometra dei pini	75/377
Geometra del ribes	55/202
Gommosi, Corineo, Perforazione delle foglie delle drupacee	59/233
Grande ilesino del frassino	73/349
Grande scolito degli alberi da frutto	77/389
Grande scolito dell'olmo	79/415
Grillotalpa	39/44
Grillotalpa	77/385

I

Ifantria americana	79/425
Ilaste dell'abete rosso	73/351
Ilaste nero dei pini	75/364
Ilecotino	85/457
Ilesino del frassino	73/347
Ilesino dell' olivo	73/350
Ilesino poligrafo	73/348
Ilobio dell'abete	77/401
Ilotrupe, Cerambice dei pali telegrafici, Capricorno	85/468
Impia	65/270

L

Lamia dei pini	85/475
Lamia sartor	87/499
Lamia sutor	87/500
Lamia tessitrice	89/505
Lecanio del pesco, Cocciniglia a barchetta del pesco	53/183

	Pagina/No.
Licheni	57/216
Lictidi	85/472
Licto lineare	87/489
Lida degli abeti	73/356
Lida dei pini	75/372
Lida del pero	49/141
Limacina del pero	51/164
Limacina del pero	53/197
Limessilone delle navi	87/498
Limotripide dei cereali	37/15
Lofiro rosso del pino	75/369
Lofiro, Tendrine del pino	75/368
Lumaca dei campi	37/1
Lumaca degli orti	37/14

M

Macaone	41/60
Macchie bianche delle foglie di pero	59/236
Maggiolino	39/41
Maggiolino	51/171
Maggiolino	61/244
Maggiolino	77/384
Mal bianco delle cucurbitacee	45/92
Mal bianco della quercia	81/428
Mal del cuore della barbabietola	45/95
Mal del cuore della barbabietola	45/109
Mal del piede dei cereali	45/94
Mal del piede del grano	45/111
Mal del piede o Muffa della neve	45/110
Mal del piombo	57/223
Mal dello sclerozio delle leguminose	45/100
Mal dello sclerozio della segala	45/106
Marciume amaro delle mele	57/213
Marciume, Muffa grigia dell' uva	63/255
Marciume nero dei frutti di pero e di melo	57/224
Marciume radicale	57/218
Marciume radicale delle piantine di tabacco	47/122
Marciume secco dei tuberi di patata	45/99
Matricaria selvatica	67/299
Meligete della colza e del ravizzone	39/49
Mielofilo distruttore dei pini	79/417
Mielofilo minore	79/418
Minatrice bianca delle foglie dei meli	53/179
Minatrice concentrica delle foglie del melo	51/175
Minatrice delle foglie di larice	77/382
Monaca	77/387
Moria dell'olmo	81/439
Morso di gallina	65/280
Mosca degli asparagi	41/62
Mosca dei cavoli	39/32
Mosca dei sedani	41/61
Mosca del grano	37/16
Mosca della frutta	51/174
Mosca della Pastinaca	39/45
Mosca delle barbabietole	41/56
Mosca delle ciliege	51/167
Mosca delle cipolle	41/68

	Pagina/No.
Mosca dello scalogno	41/ 51
Mosca tedesca	37/ 21
Muschi	57/225

N

Navoncella	39/ 50
Nebbia del ribes	59/234
Nebbia o Mal bianco dei cereali	43/ 90
Necrosi dei rami del pero e del melo	57/215
Nemato dell'abete	73/352
Nottua dei cavoli	39/ 31
Nottua dei cereali	41/ 65
Nottua dei seminati	73/344
Nottua del pino	75/370
Nottua del pino	75/375
Nottua della vite	61/251
Nottua delle gemme dei salici	79/423
Nottua delle messi	37/ 10
Nottua delle messi, Nottua dei seminati	79/426
Nottua gamma	75/360
Nottua punto esclamativo	73/333

O

Oidio della rosa e del pesco	57/229
Oidio delle poligonacee e delle leguminose	43/ 83
Oidio, Mal bianco della vite	63/256
Oidio, Nebbia del melo	57/210
Orchestere del faggio	73/340
Ortica comune	65/271
Ortica falsa	69/323
Ortica piccola	65/272
Oscinella	37/ 12
Oziorinco del trifoglio rosso, del pesco, della vite	39/ 40
Oziorinco del trifoglio rosso, del luppolo, del pesco, della vite	61/243
Oziorinco della vite	61/240
Oziorinco nero dei pini, Larici ed abeti	77/402

P

Papavero	67/300
Pavarina	65/279
Pentafillo	67/283
Perforatrice delle foglie dei meli	53/176
Peronospora della bietola	45/108
Peronospora della cipolla	43/ 85
Peronospora della lattuga	43/ 84
Peronospora della vite	63/257
Peronospora delle crucifere	45/102
Persicaria	69/303
Persicaria maggiore	67/302
Pesciolino d'argento	83/453
Piantaggine	71/326
Piccolo cerambice dal collo rosso del salice	89/506
Piccolo scolito degli alberi fruttiferi	77/390
Piccolo scolito dell'olmo	79/416
Piccolo scolito dell'olmo	89/504
Pidocchio nero del pesco	53/180
Pieride del biancospino	49/137
Pieride del biancospino	73/334

	Pagina/No.
Piralide del mais	39/ 42
Piralide della vite	61/252
Pissode dell'abete rosso	75/357
Pissode notato	75/373
Platipo	85/474
Platipo cilindrico	85/460
Plutella delle crucifere	39/ 36
Processionaria del pino	75/374
Processionaria del pino	77/396
Processionaria della quercia	73/342
Psilla del melo	49/130
Psilla del pero	49/139
Ptilino dalle antenne pettinate	87/490
Pulvinaria della vite	61/248
Punteruolo del papavero	39/ 46
Punteruolo del riso	83/452
Punteruolo del salice e del pioppo	73/346
Punteruolo della radice del papavero	39/ 47
Punteruolo delle galle dei cavoli	39/ 33
Punteruolo delle gemme degli alberi fruttiferi	55/207
Punteruolo delle prugne	53/185

R

Rafanistro	67/291
Ragno rosso degli alberi fruttiferi	53/191
Ragno rosso della vite	61/241
Ranuncolo	67/290
Ranuncolo dei campi	67/288
Rapaiola	39/ 38
Ratto delle cantine e dei solai	83/445
Ratto delle chiaviche	83/454
Ricamatrice delle frutta	49/135
Rizoctonia della patata	47/124
Rizotrogo	37/ 24
Rizotrogo	51/163
Rodilegno rosso	55/203
Rodilegno rosso	79/422
Rodilegno rosso	89/507
Rogna nera della patata	45/ 96
Romice	65/265
Romice comune	65/266
Rossore delle foglie di vite	63/258
Ruggine bianca delle crucifere	47/118
Ruggine bruna del grano	43/ 79
Ruggine bruna dell'orzo	43/ 77
Ruggine coronata dell'avena	45/104
Ruggine curvatrice dei rami del pino	81/432
Ruggine dell'abete rosso	81/431
Ruggine del fagiolo	43/ 74
Ruggine del lino	43/ 86
Ruggine del pero	57/211
Ruggine del pesco, mandorlo e susino	59/239
Ruggine del pioppo	81/438
Ruggine lineare del grano	45/114
Ruggine striata della segala	43/ 78
Ruggine striata del grano, dell'orzo e della segala	43/ 87
Ruggine vescicolosa del pino Weymouth, Ruggine del ribes	81/440
Ruggine vescicolosa della scorza di pino	81/433

S

	Pagina/No.
Saperda del ciliegio	87/479
Saperda maggiore del pioppo	77/393
Saperda maggiore del pioppo	87/487
Saperda minore del pioppo	77/394
Saperda minore del pioppo	87/488
Scabbia della patata	45/ 98
Scabbia polverulenta della patata	45/ 97
Scolito degli alberi da frutto	53/177
Scolito degli alberi fruttiferi	53/178
Scolito della betulla	73/337
Scopazzi del susino	57/230
Scrivano, Bromio della vite	61/246
Seccume delle foglie di ribes	57/214
Senape	65/261
Septoria del pomodoro	43/ 73
Septoriosi delle foglie del sedano	43/ 72
Sesia apiforme del pioppo	73/335
Sesia del pero e del melo	49/126
Sfinge del pino	75/376
Sfinge del pioppo	77/395
Sigaraio della vite	61/250
Silfa opaca	41/ 52
Sirice azzurro	85/464
Sirice gigante	87/492
Sitone lineato del fagiolo	37/ 3
Spica venti	71/330
Sputacchina	79/403
Stoppione	65/273
Striatura bruna delle foglie d'orzo	47/117
Strigolo selvatico	69/320

T

Talpa	39/ 43
Tenebrione mugnaio	83/448
Tentennino	71/329
Tentredine del larice	77/380
Tentredine del ribes	53/199
Tentredine delle mele	49/134
Tentredine delle perine	49/144
Tentredine delle rape e dei Navoni	41/ 55
Tentredine delle susine	53/187
Tentredine gialla delle susine	53/186
Tentredine nera dell'uva spina	53/200
Termiti, Formiche bianche	87/501
Tetropio	87/478
Ticchiolatura del ciliegio	57/221
Ticchiolatura del melo	59/232
Ticchiolatura del pero	57/212
Ticchiolatura del pesco	57/228
Ticchiolatura del pomodoro, Macchie nere del pomodoro	43/ 76
Tignola, Bruco verde della vite	61/253
Tignola dei fiori del ciliegio	51/165
Tignola del pesco	53/182
Tignola del sorbo	49/133
Tignola dell' uva	61/254
Tignola della cipolla	39/ 39
Tignola grigia delle provviste alimentari	83/449
Tignola orientale del pesco	53/184
Tignola, Ragno del melo	49/125
Tignola superiore dei fruttiferi	49/129

	Pagina/No.
Tingide del pero	49/138
Tipula dei cereali	41/ 67
Tonchio, Bruco del pisello	**83/442**
Tonchio del pisello	37/ 8
Tonchio delle fave	83/451
Topo campagnolo sotterraneo	55/206
Topo domestico	83/444
Tortrice degli abeti	79/411
Tortrice dei larici	77/383
Tortrice delle gemme apicali dei pini	**75/371**
Tortrice verde, Cacecia	51/156
Tortrice verde delle querce	73/343
Tortricide fulginea delle latifoglie	51/169

	Pagina/No.
Tracheo-verticilliosi della patata	47/120
Tumore radicale delle piante	59/238
Tumore radicale delle piante	47/123

V

	Pagina/No.
Vaiolatura rossa della fragola	59/237
Variegana maggiore	51/168
Veccia piccola, Cracca	71/328
Verme del lampone	51/158
Verme delle susine	53/188
Vespa comune	55/204
Vilucchio	65/262
Viola del pensiero	69/321

X

	Pagina/No.
Xileboro, Bostrico delle **latifoglie, delle conifere** e delle piante da frutto	51/159
Xileboro, Bostrico delle latifoglie e delle conifere	85/470
Xileboro **delle querce, del** castagno	87/485

Z

	Pagina/No.
Zabro gobbo, Zabro del frumento	37/ 18
Zeuzera, Rodilegno giallo	49/147
Zeuzera, Rodilegno giallo	73/338
Zeuzera, Rodilegno giallo	85/455

Nederlandse inhaldsopgave

Het eerste getal verwijst naar de bladzijde, het tweede Getal naar het volgnummer van het schadelijk ongedierte of onkruid, b. v. Aardappelcystenaaltje bladzijde 37/volgnummer 25. Komt het een of ander in verschillende groepen van het woordenboek voor, zo zijn dientengevolge alle getallen aangegeven, die hierop betrekking hebben.

A

	Blz./No.
Aardappelcystenaaltje	37/ 25
Aardappelschurft	45/ 98
Aardappelwratziekte	45/ 96
Aardappelziekte	45/103
Aardbeibloesemkever	49/150
Aardbeibloesemkever	51/157
Aardbeimijt	49/149
Aardrups	37/ 10
Aardrups	73/333
Aardrups	73/344
Aardrups	79/426
Aardmuis	83/443
Aardvlo	37/ 9
Achttandig bastkevertje	**73/353**
Achttandige lariksschorskever	77/381
Achttandige pijnboomschorskever	79/427
Akkerboterbloem	67/288
Akkerdistel	65/273
Akkerereprijs	65/279
Akkermelkdistel	65/275
Akkerwinde	65/262
Alternaria-ziekte van de aardappel	43/ 82
Amerikaanse kruisbessemeeldauw	59/234
Appelbladvlo	49/130
Appelbloedluis	49/148
Appelbloesemkever	49/131
Appelkanker	57/227
Appelmeeldauw	57/210
Appelschurft	59/232
Appel sesia	49/126
Appelspinselmot	49/125
Appelspintkever	77/389
Appelzaagwesp	49/134
Aspergevlieg	41/ 62

B

Bacteriekanker	59/235
Bakteriënbrand	57/215
Barbarakruid	65/267
Bastaard satijnvlinder	51/154
Bastaard satijnvlinder	75/361
Behaarde bladsnuitkever	53/196
Berkeboktor	87/479
Berkespintkever	73/337
Bessebladwesp	53/199
Beukehoutboorder	85/477
Beukeroodstaartrups	77/400
Beukespintkever	73/340
Bieteaaskever	41/ 52
Bietebladwants	41/ 54
Bietecystenaaltje	41/ 57
Bietesnuitkever	37/ 5
Bietevlieg	41/ 56
Bietewortelbrand	45/109
Bijvoet	65/268
Bitterrot van appels	57/213

	Blz./No.
Blaasroest van de den	81/433
Bladluizen	37/ 2
Bladluizen	49/146
Bladrandkever	37/ 3
Bladvalziekte van de aalbes	57/214
Bladvlekkenziekte bij selderij	43/ 72
Bladvlekkenziekte van de biet	43/ 71
Bladvlekkenziekte van de peer	59/236
Bladvlekkenziekte van de tomaat	43/ 76
Blauwe aspergekever	41/ 63
Blauwe sparrehoutwesp	85/463
Blauwe timmerhoutboktor	87/495
Blauwmaanzaadsnuitkever	39/ 47
Bioedblaarluis	51/162
Boktorren	85/456
Boneroest	43/ 74
Boorkevers	87/483
Boterbloemluis	39/ 26
Brandvlekkenziekte van de komkommer	43/ 69
Bronskleurige timmerhoutboktor	87/496
Bruine denneboktor	85/458
Bruine rat	83/454
Bruine roest (van gerst)	**43/ 77**
Bruine roest van rogge	43/ 78
Bruine roest van tarwe	43/ 79
Builenbrand	45/105
Bunias	71/332

C

Capucinekever	85/472
Coloradokever	39/ 27

D

Damschijfmineermot. Appeldamschijfmot	51/175
Dauwnetel	67/295
Dennenbastaardrups, Dennebladwesp	75/368
Dennebladroller	79/411
Dennelotrups	75/371
Denneluis	79/410
Dennendraaiziekte	81/432
Dennepijlstaart	75/376
Denneprocessierups	75/374
Denneprocessierups	77/396
Denneschotziekte	**81/434**
Dennenscheerder	79/417
Dennespanner	75/377
Dennespinner	75/378
Dennespinselbladwesp	75/372
Dennewolluis	79/409
Dennezaaduil	75/375
Doodsklopper	79/412
Doodsklopper	87/502
Driekleurig viooltje	69/321
Druifluis	61/249
Duizendknoop	67/302

E

	Blz./No.
Echte kamille	67/298
Echte tonderzwam	81/430
Eenjarige hardbloem	**65/260**
Elzehaantje	73/345
Elzesnuitkever	73/346
Elzesnuitkever	85/462
Eikemeeldauw	81/428
Eikenblad	75/379
Eikeramboktor	85/461
Eikeschorskever	85/460
Entknopvreter	53/192
Erwtenbladluis	37/ 7
Erwtenkever	37/ 8
Erwtenkever	83/442
Essebastkever	73/347

F

Frambozekever	51/158
Fritvlieg	37/ 12
Fruitmotje	49/136
Fruitspint	53/191
Fruitwants	37/ 23
Fusarium - verwelkingsziekte	45/ 99

G

Gamma-uil	75/360
Geaderd witje	49/137
Geaderd witje	73/334
Geel dennehaantje	75/365
Geel gestreepte naaldhoutramboktor	87/482
Gegroefde lapsnuitor	61/240
Gekorrelde dennenschorskever	79/407
Gekorrelde sparreschorskever	73/354
Gele houtrups	49/147
Gele houtrups	85/455
Gele pruimezaagwesp	53/186
Gele roest	43/ 87
Gele tarwegalmug	41/ 66
Gerstesteenbrand	43/ 89
Gerstestuifbrand	43/ 88
Gespikkelde timmerhoutschorskever	87/485
Gestreepte dennerups	75/370
Gestreepte kniptor	41/ 58
Gestreepte timmerhoutschorskever	77/388
Gestreepte timmerhoutschorskever	87/484
Gevlekte perebladvlo	49/139
Gevlekt schildpadtorretje	41/ 59
Gewone dopluis	55/209
Gewone dopluis	61/247
Gewone hennepnetel	67/296
Gewone meikever	39/ 41
Gewone meikever	51/171
Gewone meikever	61/244
Gewone meikever	77/384

— 114 —

	Blz./No.
Gewone melkdistel	65/276
Gewone oestervormige schildluis	53/194
Gewone wol-dopluis	61/248
Gewone wesp	55/204
Gewoon kruiskruid	69/306
Graanhalmwesp	37/ 17
Graanklander	83/446
Graanloopkever	37/ 18
Graanthrips	37/ 15
Grauwe lariksbladroller	77/383
Grauwe schimmel	63/255
Groene aardvlo	37/ 22
Groene appeltakluis	49/127
Groene eikebladroller	73/343
Groene perzikluis	53/181
Groene wilgespinner	79/423
Groot hoefblad	69/312
Groot koolwitje	39/ 37
Grote brandnetel	65/271
Grote denneschorskever	75/367
Grote dennesnuitkever	77/401
Grote gestreepte aardvlo	39/ 30
Grote iepespintkever	79/415
Grote koolvlieg	41/ 51
Grote klis	67/301
Grote lariksbladwesp	**77/380**
Grote populierboktor	77/393
Grote populierboktor	87/487
Grote populierhaan	77/392
Grote populierhaan	79/420
Grote rode mier	87/493
Grote sparrehoutwesp	87/492
Grote wintervlinder	51/151
Grote wintervlinder	75/358
Grote zwarte essebastkever	73/349
Grote zwarte lapsnuitkever	77/402
Guichelheil	65/259

H

Hagelschotziekte	59/233
Harlekijnvlinder	55/202
Harssnuitkever	75/357
Haverstuifbrand	45/ 93
Havercystenaaltje	37/ 20
Hazelaarboktor	85/467
Hazelnootboorder	51/155
Heermoes, Akkerpaardestaart	69/317
Heggebladroller	51/156
Heksenbezem	57/220
Heksenbezem bij pruim	57/230
Heldenboktor, Grote eikeboktor	85/459
Herderstasje	67/293
Herfsttijloos	67/292
Herik	65/261
Hessische mug	37/ 21
Het zwart van bieten	43/ 70
Hongerpruimen	57/226
Honingzwam	**57/218**
Hoornaar, Horentje	75/363
Houtmolkevers	85/472
Huisboktor	85/468
Huiskakkerlak	83/441
Huismoeder	61/251
Huismuis	83/444

I

Iepehaantje	79/413
Iepeziekte	81/439

	Blz./No.
J	
Junikever	37/ 24
Junikever	51/163
K	
Kamkorekever	87/490
Kanadese fijnstraal	65/270
Kasthrips	37/ 19
Kernhoutkever	85/474
Kersebloesemmotje	51/165
Kerseschurft	57/221
Kersevlieg	51/167
Klaproos	67/300
Klaverkanker	45/100
Kleefkruid	69/307
Kleermakerboktor	87/499
Kleine brandnetel	65/272
Kleine dennenscheerder	79/418
Kleine dennesnuitkever	75/373
Kleine eikeboktor	85/469
Klein geaderd witje	39/ 50
Klein hoefblad	67/297
Kleine houtkever	85/470
Kleine iepespintkever	79/416
Kleine iepespintkever	89/504
Kleine koolvlieg	39/ 32
Klein koolwitje	39/ 38
Kleine populiereboktor	87/488
Kleine populierehaan	79/421
Kleine populierboktor	77/394
Kleine vruchtboomspintkever	53/178
Kleine vruchtboomspintkever	77/390
Kleine wintervlinder	51/152
Kleine wintervlinder	75/359
Kleine zwarte essebastkever	73/350
Kleine zwarte timmerhout-schorskever	87/486
Klimopbladige ereprijs	65/280
Klopkever	89/503
Knikkende distel	65/278
Knollebladwesp	41/ 55
Knolvoet bij kruisbloemigen	45/101
Knopherik	67/291
Knopkruid	67/285
Kokerrups	53/176
Kommaschildluis	51/170
Kommavormige schildluis	79/414
Koniginnepage	41/ 60
Koolgalmug	39/ 29
Koolgalsnuitkever	39/ 33
Koolmotje	39/ 36
Kooluil	39/ 31
Koolzaadaardvlo	39/ 48
Koolzaadgalmug	39/ 34
Koolzaadglanskever	39/ 49
Kopersteker, Zestandige sparreschorskever	73/355
Koperworm, Ritnaald	73/341
Korenbloem	69/305
Korenmot	83/447
Korstmossen	57/216
Kromtandige denneschorskever	79/408
Kroonroest bij haver	45/104
Kruipende boterbloem	67/289
Kruisbesseluis	51/161
Kruisbessespintmijt	55/201
Krulziekte bij perzik	57/222
Krulzuring	65/265

	Blz./No.
L	
Langpootmuggen emelten	41/ 67
Lapsnuittor	39/ 40
Lapsnuittor	61/243
Larikskanker	81/435
Lariksmot	77/382
Lariksboktor	**87/478**
Lichte vlekkenziekte van de erwt	43/ 81
Lidrus, Moeraspaardestaart	69/318
Lijsterbesmotje	49/133
Loodglansziekte	57/223
M	
Maïsboorder	39/ 42
Margriet	71/331
Meeldauw bij augurken	45/ 92
Meeldauw bij granen	43/ 90
Meeldauw van de druif	63/256
Meeldauw van de erwt	43/ 83
Meeldauw van perzik en roos	57/229
Meelmot	83/449
Meeltor	83/448
Meiziekte	63/255
Melige appelbladluis	49/132
Melige koolluis	39/ 28
Melige pruimeluis	55/208
Melkslakje (meest Agriolimax reticulatus Müll.)	37/ 1
Middellandse zeevlieg	51/174
Mijnhoutboktor	85/465
Mijnhoutsnuitkever	85/466
Mijten	51/173
Mineermotje van vruchtbomen	53/179
Moederkoren	45/106
Moerasandoorn	69/322
Mol	39/ 43
Molmboktor	87/481
Monilia-rot	57/224
Mossen	57/225
Muisachtigen	51/172
Muur	71/325
N	
Neusrot	57/227
Nonvlinder	77/387
O	
Ondergrondse woelmuis	55/206
Ongelijke schorskever	51/160
Ongelijke schorskever	75/362
Ongelijke schorskever	85/471
Oogvlekkenziekte	45/ 94
Oorworm	77/391
Oorworm	83/450
P	
Paardebloem	69/308
Paarse dovenetel	69/323
Papegaaienkruid	67/286
Parketkever	87/489
Peregalmug	49/140
Pereknopkever	49/142
Perenetwants	49/138
Pereringlarve, Pereprachtkever	49/145
Pereroest	57/211
Pereschurft	57/212
Perespinselbladwesp	49/141
Perezaagwesp	49/144

	Blz./No.
Perzikdopluis	53/183
Perzikkruid	69/303
Perzikmotje	53/184
Perzikscheutboorder	53/182
Perzikschurft	57/228
Pijlkruidkers	69/313
Plakker	53/198
Plakker	79/405
Poederschurft	45/ 97
Pokkenziekte van de druif, Druiveviltmijt	61/245
Pokziekte	49/143
Populierepijlstaart	77/395
Populiereroest	81/438
Populieresesia	73/335
Preimot	39/ 39
Processierups	73/342
Pruimemot	53/188
Pruimeroest	59/239

R

Raai	67/294
Raket	69/316
Reukloze kamille	67/299
Reuzemier	77/397
Reuzemier	87/491
Rhizoctonia-ziekte van de aardappel	47/124
Ridderzuring	65/266
Rijstklander	83/452
Ringelrups	53/189
Ringelrups	77/399
Ringelwikke	71/329
Ringvuur	47/120
Ritnaald, Koperworm	37/ 6
Rode aspergekever	41/ 64
Rode dennebladwesp	75/369
Rode knopbladroller	51/169
Rode oestervormige schildluis	53/195
Roest van vijfnaaldige den	81/440
Roetdauw	57/219
Roodhalzige wilgeboktor	89/506
Rose appelbladluis	49/128
Rouwvlieg	37/ 13
Rozeboktor, Muskusboktor	87/480
Rozekever	51/153
Ruw parelzaad	69/320
Ruwharige rozekever	53/190

S

San José-schildluis	53/193
Satijnvlinder	79/424
Schapezuring	65/264
Scheepswerfkever	87/498

	Blz./No
Scherpe boterbloem	67/290
Schoenmakerboktor	87/500
Schorsbrand bij populier	81/437
Schuimbeestje	79/403
Selderyvlieg	**41/ 61**
Sigaredbladroller	61/250
Skelettermotje	49/129
Slakrups	53/197
Slakvormige bastaardrups	51/164
Smalle graanvlieg	37/ 16
Smalle weegbree	71/326
Smalle weegbree	71/327
Smeerwortel	65/269
Sneeuwschimmel	45/110
Snuitkevers	87/494
Sophiekruid	69/315
Spaanse vlieg	79/406
Sparrebastkever	77/398
Sparrebladwesp	73/352
Sparrehoutwesp	85/464
Sparrenaaldenroest	81/431
Sparrespinselbladwesp	73/356
Speerdistel	65/277
Spiesbladmelde	69/310
Spintmijt	61/241
Steenraket	69/319
Stengelaaltje	47/116
Stengelbrand van de rogge	45/107
Stengel- en wortelknobbel	47/123
Strepenziekte van de gerst	47/117
Suikergast	83/453

T

Tarwehalmdoder	45/111
Tarwesteenbrand	47/119
Termieten	87/501
Tomatekanker	**45/115**
Tuinbonekever	83/451
Tweeogige sparreschorskever	73/348
Twijgsterfte bij framboos	57/231

U

Uievlieg, Preivlieg	41/ 68
Uitstaande melde	69/309

V

Valse meeldauw bij de biet	45/108
Valse meeldauw bij kool	45/102
Valse meeldauw van de druif	63/257
Valse meeldauw van de ui	43/ 85
Valse meeldauw van sla	43/ 84
Varkensgras	69/324
Veenmol	39/ 44
Veenmol	77/385

	Blz./No.
Veldereprijs	65/281
Veldmuis	37/ 11
Veranderlijke timmerhoutboktor	87/497
Vijfvingerkruid	67/283
Vlasroest	43/ 86
Vlekkenziekte van de boon	43/ 80
Vogelwikke	71/328
Vruchtbladroller	49/135
Vruchtvuur bij komkommer	43/ 91
Vuurzwam	81/429

W

Wapendrager	77/386
Wegdistel	65/274
Weke klopkever	85/476
Westeuropese denneboktor	85/475
Weverbok	89/505
Wilde haver, Oot	67/284
Wilgehaantje	79/419
Wilgehoutrups	55/203
Wilgehoutrups	79/422
Wilgehoutrups	89/507
Windhalm	71/330
Witte ganzevoet	67/287
Witte krodde	69/314
Witte roest van kruisbloemigen	47/118
Witte-vlekkenziekte van de aardbei	59/237
Witte vlieg	39/ 35
Witvlakvlinder	79/404
Woelrat	55/205
Woldrager	73/336
Wortel- en stengelknobbel	59/238
Wortelrot bij tabak	47/122
Wortelvlieg	39/ 45

Z

Zaagsprietige houtboorder	85/457
Zestandige denneschorskever	75/366
Zwaluwtong	69/304
Zwartbenigheid bij aardappel	45/112
Zwarte bessebladwesp	53/200
Zwarte boneluis	37/ 4
Zwarte boneluis	41/ 53
Zwarte dennebastkever	75/364
Zwarte kerseluis	51/166
Zwarte nachtschade	69/311
Zwarte pruimezaagwesp	53/187
Zwarte rat	83/445
Zwarte roest	45/114
Zwarte sparreschorskever	73/351
Zwarte-zaadziekte	**59/237**

Алфавитный предметный указатель

А

	Стр./№
Адонис летний	67/282
Акациевая ложнощитовка	55/209
	61/247
Алтейный красный клещик	61/241
Амбарная крыса (рыжая крыса, пасюк)	83/454
Амбарный долгоносик	83/446
Американская белая бабочка медведица	79/425
мучнистая роса крыжовника	59/234
Античная волнянка	79/404
Антракноз арбуза	43/69
фасоли	43/80
смородины	57/214
Анютины глазки (фиалка трехцветная)	69/321
Аскохитоз (пятнистость гороха)	43/81

Б

Бактериальная рябуха табака и махорки	47/121
Бактериальное увядание томатов	43/75
Бактериальный рак косточковых	59/235
Безвременник осенний	67/292
Белая пятнистость листьев груши	59/236
земляники (клубники)	59/237
томатов	43/73
Белая ржавчина крестоцветных (бель крестоцветных)	47/118
Берёзовый листовой слоник	53/192
Блестящегрудый еловый усач	
Бобовая (свекловичная) тля	37/4
	41/53
Бодяк колючий (полевой)	65/273
ланцетолистный	65/277
Большая грушевая листоблошка	49/139
тополёвая стеклянница	73/335
уховёртка	77/391
	83/450
Большой дубовый усач	85/459
еловый лубоед	77/398
лесной садовник	79/417
лиственничный пилильщик	77/380
люцерновый долгоносик	39/40
	61/243
муравей	77/397
	87/493
осиновый скрипун	77/393
	87/487
сосновый долгоносик	77/401
ясеневый лубоед	73/349
Бороздчатый древогрыз	87/489
скосарь	61/240
Борщевичная буравница	41/61
Боярышница	49/139
	73/334
Бронзовка мохнатая	53/190
Брюквенная белянка	39/50
Бурая листовая ржавчина пшеницы	43/79
ржи	43/78
пятнистость паслёновых (томатов)	43/82
Бурый сосновый усач	85/465

В

Василёк синий	69/305
Ведьмина метла	57/230
Вероника пашенная	65/279
плющелистная	65/280
полевая	65/281
Вертициллиозное увядание картофеля	47/120
Вершинный короед	75/366
Весенняя капустная муха	39/32
Виноградная листовертка	61/252
подушечница	61/248
филлоксера	61/249
Виноградный зудень	61/245
Вишнёвая муха	51/167
побеговая моль	51/165
тля	51/166
Вишнёвый слизистый пилильщик	51/164
	53/197
Водяная крыса	55/205
Войлочный виноградный клещик	61/243
Воробейник полевой	69/320
Восточная плодожорка	53/184
Вредная долгоножка (карамора)	41/67
Вьюнок полевой	65/262

Г

Галинсога мелкоцветная	67/285
Галлица грушевая	49/140
Гельминтоспориоз ячменя	47/118
Гессенская муха (комарик)	37/21
Гладкий мертвоед	41/52
Гниль листовых влагалищ и междоузлий	45/94
Голландская болезнь ильмовых пород	81/439
Горец вьющийся	69/304
почечуйный	69/303
птичий (гречишка птичья)	69/324
развесистый	67/302
Гороховая зерновка	37/8
	83/442
тля	37/7
Горошек волосистый	71/329
мышиный	71/328
Горчица полевая	65/261
Горькая гниль плодов	57/213
Гребнеусый точильщик	87/490
Гречиха развесистая	67/302
Гречишка вьюнковая	69/304
почечуйная	69/303
птичья	69/324
Гречишная блошка	37/22
Гроздевая листовёртка	61/253

Г (продолж.)

Грушевый клещик	49/143
клоп	49/138
общественный пилильщик	49/141
плодовый пилильщик	49/144
цветоед	49/142
Гулявник лекарственный	69/316

Д

Двенадцатиточечный спаржевый листоед	41/64
Двулётная виноградная листовёртка (вертунья)	61/254
Дескурения софия	69/315
Дивала однолетняя	65/260
Долгоносик-веткорез	55/207
Долгоносик (скрытнохоботник) ольховый	73/346
	85/462
Долгоносик трухляк	85/466
Долгоносики (слоники)	87/494
Домовая мышь	83/444
Домовый точильщик	89/503
усач	85/468
Древесница въедливая	73/338
	85/455
Древогрызы	85/472
Дровосеки (усачи)	85/456
Дубовый древесинник	85/477
капюшонник (красный)	85/473
непарный короед	87/486
Дуболистный шелкопряд	75/379

Е

Европейская земляная полёвка	55/206
Еловый корнежил	73/351
крифал	73/354
(пихтовый) пилильщик	73/352

Ж

Желтокрылая земляная совка	61/251
Жёлтый крыжовниковый пилильщик	53/199
Желтушник левкойный	69/319
Жуки-точильщики	87/483

З

Заболонник берёзовый	73/337
разрушитель	79/415
струйчатый	79/416
	89/504
Западноевропейский лиственничный короед	77/381
Западный крифал	79/407
майский хрущ	39/41
	51/171
	61/244
	77/384
непарный коред	51/160
	75/362
	85/471
Звёздочка мокрица	
Зелёная картофельная тля	39/26
яблонная тля	49/127
Земляничный клещик	49/149

	Стр./№
Земляные блошки	37/ 9
Зерновая моль	83/447
Златка грушевая	49/145
Златогузка	51/154
	75/361
	47/123
Зобоватость	59/238
Золотистый плоский усач	87/496

И

Ивовая волнянка	79/424
Ивовый жёлтый листоед	79/419
корневой усач	89/505
Ильмовый листоед	79/413
Июньский хрущ	37/ 24
	51/163

К

Калифорнийская щитовка	53/193
Капустная белокрылка	39/ 35
белянка (капустница)	39/ 37
моль	39/ 36
совка	39/ 31
стручковая галлица (стручковый рапсовый комарик)	39/ 34
тля	39/ 28
Капустный галловый (корневой) долгоносик (скрытнохоботник)	39/ 33
Капустный черешковый (настурциевый цветочный) комарик	39/ 29
Карликовая ржавчина ячменя	43/ 77
Картофельная гниль	45/103
нематода	37/ 25
Кармашки слив	57/226
Кила капустная (крестоцветных)	45/101
Клещики	51/173
Клит дубовый	85/461
Клоповник крупковидный	69/313
Клястероспориоз (пятнистость) косточковых	59/233
Колорадский картофельный жук	39/ 27
Кольчатый шелкопряд	53/189
	77/399
Корабельный сверлило	87/498
Карамора	41/ 67
Коричневый таёжный муравей	87/491
Корневая гниль хлебных злаков	45/111
Корневой маковый скрытнохоботник	39/ 47
рак (зобоватость)	47/123
	59/238
Корнеед (чёрная ножка рассады) свёклы	45/109
Корнежил сосновый	73/346
Короед-гравёр	75/364
стенограф	75/367
типограф	73/353
Корончатая ржавчина овса	45/104
Крапива двудомная	65/271
жгучая	65/272
Красная грушевая щитовка	53/195
Красногрудый ивовый усач	89/506
Красносмородинная тля	51/162
Краснохвост	77/400
Краснуха листьев винограда	63/258
Красный плодовый клещик	53/191
Крестовник обыкновенный	69/306
Кровяная тля	49/148
Крот	39/ 43
Кружковая моль	51/175

	Стр./№
Крыжовниковая пяденица	55/202
тля	51/161
Крючкозубый короед	79/408
Кукурузный мотылёк	39/ 42
Курчавость листьев вишни и черешни	57/220
персика	57/222

Л

Лапчатка ползучая	67/283
Лебеда копьевидная	69/310
раскидистая	69/309
Летняя капустная муха	41/ 51
Лещиновый чёрный усач	85/467
Лиственничная листовёртка	77/383
чехлоноска	77/382
Лиственный сверлило	85/457
Листовёртка дубовая (зелёная)	73/343
Листовой продолговатый долгоносик	53/196
Листоед-корнежил (падучка)	61/246
ольховый	73/345
тополёвый	77/392
	79/420
Лишайники	57/216
Ложная мучнистая роса крестоцветных	45/102
лука	43/ 85
салата	43/ 84
Ложнокалифорнийская (устрицевидная) щитовка	53/194
Ложномучнистая роса свёклы	45/108
Ложный трутовик	81/430
Лопушник большой	67/301
Луковая моль	39/ 39
муха	41/ 68
Лунка серебристая	77/386
Лютик едкий	67/290
полевой	67/288
ползучий	67/289
Люцерновый скосарь (большой долгоносик)	39/ 40
	61/243

М

Мак самосейка	67/300
Малинный долгоносик (цветоед)	49/130
	51/157
жук	51/158
Малый дубовый усач	85/469
крыжовниковый пилильщик	53/200
лесной садовник	79/418
осиновый скрипун	77/394
сливовый пилильщик	53/187
чёрный еловый усач	87/500
ясеневый лубоед	73/347
Марь белая (обыкновенная)	67/287
Масличный лубоед	73/350
Мать-мачеха обыкновенная	67/297
Махаон	41/ 60
Мебельный точильщик	79/412
	87/502
Медведка обыкновенная	39/ 44
	77/385
Медвяная роса	57/219
Мелколепестник канадский	65/270
Мельничная огнёвка	83/449
Метлица обыкновенная	71/330
Мильдью винограда	63/257
Минирующий долгоносик (прыгун) буковый	73/340

	Стр./№
Млечный блеск	57/223
Многоядный непарный короед	51/159
	85/470
(грушевый) трубковёрт	61/250
Молелистовёртка (метелица) яблонная	49/129
Монашенка	77/387
Морковная муха	39/ 45
	77/390
Морщинистый заболонник	53/178
Мраморный скрипун	87/479
Мускусный усач	87/480
Мучнистая роса винограда	63/256
гороха	43/ 83
дуба	81/428
злаков	43/ 90
розы	57/229
тыквенных	45/ 92
яблони	57/210
Мучной хрущак	83/448
Мхи	57/225
Мыши	51/172
Мягкий точильщик	85/476

Н

Настоящий трутовик	81/429
Настурциевый цветочный комарик	39/ 29
Непарный шелкопряд	53/198
	79/405
Нивяник обыкновенный	71/331

О

Обыкновенная гречишная (свекловичная) блошка	37/ 22
парша картофеля	45/ 98
полёвка	37/ 11
чешуйница	83/453
Обыкновенный свекловичный долгоносик	35/ 7
сосновый пилильщик	75/368
таракан (прусак)	83/441
Овёс пустой (овсюг)	67/284
Овсяная нематода	37/ 20
Одиночный пилильщик-ткач	75/372
Однопятнистый маковый скрытнохоботник	39/ 46
Одуванчик аптечный	69/308
Ожог листьев сливы	57/217
плодовых деревьев	57/215
Озимая муха	37/ 16
совка	37/ 10
	73/344
	79/426
Окопник лекарственный	65/269
Олёнка (бронзовка) мохнатая	53/190
Оливковая пятнистость огурцов	43/ 91
сахарной свёклы	43/ 70
Опёнок	57/218
Оранжерейная тля	53/181
Ореховый плодожил	51/155
Орешниковый долгоносик (ореховый плодожил)	51/155
Оса обыкновенная	55/204
Осиновый листоед	79/421
Осот огородный	65/276
полевой	65/275
Очный свет пашенный	65/259

Стр./№

П

Падучка	61/246
Парша вишни и черешни	57/221
груши	57/212
яблони	59/232
Паслён чёрный	69/311
Пастушья сумка	67/293
Пасюк	83/454
Пахучий древоточец	55/203
	79/422
	89/507
Пенница слюнявая	79/403
Пероноспороз (ложномучнистая роса) свёклы	45/108
Персиковая ложнощитовка	53/183
тля (оранжерейная тля)	53/181
Пикульник заметный	67/295
ладанниковый	67/294
обыкновенный	67/296
Пилильщик-ткач еловый	73/356
Пихтовая листовёртка толстушка	79/411
Пихтовый (еловый) пилильщик	73/352
хермес	79/409
Плодовая гниль	57/224
чехлоноска	53/176
Плодовый заболонник	53/177
клещик	55/201
Плоский дубовый усач	87/497
Побеговьюн зимующий	75/371
Подбел гибридный	69/312
Подмаренник цепкий	69/307
Подорожник большой	71/326
ланцетолистный	71/327
Полевой слизень	37/ 1
Полосатая пятнистость ячменя	47/117
Полосатый клубеньковый долгоносик	37/ 3
щелкун	41/ 58
Полынь обыкновенная	65/268
Порошистая парша картофеля	45/ 97
Походный шелкопряд дубовый	73/342
пиниевый	77/396
сосновый	75/374
Почковая вертунья	51/169
Проволочники	37/ 6
Прусак	83/441
Пузырчатая головня кукурузы	45/105
Пурпуровая пятнистость стеблей малины	57/231
Пушистый полиграф	73/348
Пшеничная совка	41/ 65
Пшеничный комарик	41/ 66
Пыльная головня овса	45/ 93
ячменя	43/ 88
Пяденица зимняя	51/152
-обдирало	51/151
	75/358
Пятнистость косточковых	59/233
листьев свёклы	43/ 71
хвои лиственницы	81/436

Р

Разноцветная плодовая листовёртка	51/168
Рак картофеля	45/ 96
клевера	45/100
лиственницы	81/435
плодовых деревьев	57/227

Стр./№

Рак серянка	81/433
ценангиевый тополя	81/438
Рапсовая блестянка	39/ 49
блошка (синяя капустная блошка)	39/ 48
Рапсовый пилильщик	41/ 55
цветоед (блестянка)	39/ 49
Редька полевая	67/291
Репная белянка (репница)	39/ 38
Ржавчина груши	57/211
льна	43/ 86
фасоли	43/ 74
сливы	59/239
сосновой хвои	81/431
тополя	81/438
Ризоктониоз картофеля	47/124
Рисовый долгоносик	83/452
Рогохвост-гигант	87/492
Розанная листовёртка	51/156
Розовая яблонная тля	49/128
Ромашка аптечная	67/298
непахучая	67/299
Рыжая крыса	83/454
Рыжий сосновый пилильщик	75/369
Рябиновая моль	49/133

С

Садовая мохнатка	37/ 13
Садовый слизень	37/ 14
хрущик	51/153
Свекловичная муха	41/ 56
нематода	41/ 57
тля (бобовая тля)	37/ 4
	41/ 53
щитоноска	41/ 59
Свекловичный (обыкновенный свекловичный) долгоносик	37/ 5
листовой клоп	41/ 54
Свербига восточная	71/332
Светлоногая блошка	39/ 30
Северная зимняя пяденица	73/339
Септориоз сельдерея	43/ 72
Серая гниль винограда, земляники, клубники	63/255
корневая совка	75/375
яблонная тля	49/132
Сердцевинная гниль свёклы (микосферелла)	45/ 95
Сетчатая листовёртка	49/135
Синий сосновый рогохвост	85/464
Синяя капустная блошка	39/ 48
Скрытоглав сосновый	75/365
Скрытнохоботник ольховый	73/346
	85/462
Сливовая плодожорка	53/189
Сливовый долгоносик (сливовый слоник)	53/185
жёлтый пилильщик	53/186
плодовый пилильщик (малый сливовый пилильщик)	53/187
Слоники	87/494
Смолёвка еловая	75/357
сосновая точечная	75/373
Снежная плесень	45/110
Совка восклицательная	73/333
-гамма	75/360

Стр. №

Сосновая пяденица	75/377
совка	75/370
Сосновый бражник	75/376
вертун	81/432
шелкопряд	75/378
Спаржевая муха	41/ 62
Спаржевый листоед	41/ 63
Спорынья	45/106
Средиземноморская плодовая муха	51/174
Стеблевая гниль томатов	45/115
головня ржи	45/107
линейная ржавчина злаков	45/114
нематода	
Стеблевой (кукурузный) мотылёк	39/ 42
Столбчатая ржавчина смородины	81/440
Стручковый рапсовый комарик	39/ 34
Сурепка обыкновенная	65/267
Сухая гниль корней табака	47/122

Т

Татарник обыкновенный	65/274
Тепличный трипс	37/ 19
Твёрдая головня пшеницы	47/119
ячменя	43/ 89
Термиты	87/501
Тли	37/ 2
	49/146
Тополёвый бражник	77/395
Трипс хлебный	37/ 15
Тростниковая тля	55/208

У

Усач плотник	87/481
Усачи	85/456
Устрицевидная щитовка	53/194

Ф

Фиолетовый плоский усач	87/495
Фиалка трёхцветная	69/321
Фитофтора картофеля (картофельная гниль)	45/103
Фомоз томатов	45/113
Фруктовая полосатая моль	53/182
Фузариозное увядание картофеля	45/ 99

Х

Хвойный полосатый древесинник	77/388
	87/484
Хвощ болотный	69/318
полевой	69/317
Хлебная жужелица	37/ 18
Хлебный пилильщик	37/ 17
Хмелевый клоп	37/ 23

Ц

Церкоспороз (пятнистость листьев свёклы)	43/ 71
Цилиндрический плоскоход	85/460
	85/474

Ч

Черёмуховый плодовый (сливовый жёлтый) пилильщик	53/186
Чёрная крыса	83/445
ножка картофеля	45/112

	Стр./№
Чёрная ножка рассады свёклы	45/109
персиковая тля	53/180
Чёрный ребристый усач	85/458
скосарь	77/402
сосновый усач	85/475
Чертополох поникший	65/278
Чистец болотный	69/322

Ш

	Стр./№
Шведская муха	37/12
Шелкопряд монашенка (монах)	77/387
пушистый	73/336
Шершень	75/363
Шиповатый червь	79/423
Шпанская муха	79/406
Шютте	81/434

Щ

	Стр./№
Щавелёк	65/264
Щавель домашний	65/263
курчавый	65/265
туполистный	65/266
Щелкуны (проволочники)	37/6
	73/341
Щирица запрокинутая	67/286

Ю

	Стр./№
Южный непарный короед	87/485

Я

	Стр./№
Яблонная запятовидная щитовка	51/170
	79/414
медяница	49/130
метелица	44/129
минирующая моль	53/179
моль	49/125
плодожорка	49/136
стеклянница	49/126
Яблонный (плодовый) заболонник	77/389
плодовый пилильщик	49/134
цветоед	49/131
Ярутка полевая	69/314
Яснотка пурпуровая	69/323

Svenskt sakregister

Första talet angiver sidan, andra talet skadedjurets eller ogräsets nummer i ordningen, t. ex. Allmän barkbock, sida 85, nr. 463 i ordningen. När skadedjuret förekommer i flera av ordbokens grupper, hänvisa flera tal därpaa.

A

	Sida/Nr.
Allmän barkbock	85/463
Allmän poppelglasvinge	73/335
Almbladbagge	79/413
Almsjuka	81/439
Alvivel	73/346
Alvivel	85/462
Amerikansk björnspinnare	79/425
Aspglansbagge	79/392
Aspglansbagge	79/420
Avlång lövvivel	53/196
Axlöpare	37/ 18

B

Bakteriekräfta	59/235
Baldersbrå	67/299
Barrträdsjordfly	75/375
Bergsyra	65/264
Betbladlus	41/ 53
Betbladmögel	45/108
Betfluga	41/ 56
Betjordloppa	37/ 22
Betnematod, betål	41/ 57
Bitterröta, gloeosporiumröta	57/213
Björkfrostmätare	73/339
Björkspinnare, ullgump	73/336
Björksplintborre	73/337
Björkvedbock	87/479
Bladfallsjuka	57/214
Bladfläcksjuka på betor	43/ 71
Bladfläcksjuka på sellerie	43/ 72
Bladlöss	37/ 2
Bladlöss	49/146
Blodlus	49/148
Blå allövbagge	73/345
Blå vedstekel	85/464
Blåfläckig träfjäril	49/147
Blåfläckig träfjäril	73/338
Blåfläckig träfjäril	85/455
Blåhjon	87/495
Blåklint	69/305
Blåvingad rapsvivel	39/ 33
Bokbladminerare	73/340
Bokspinnare	77/400
Bredhalsad varvsfluga	85/457
Bredvingad äpplemal	49/129
Brun barkbock	85/465
Brun råtta	83/454
Brunröta	45/103
Brun vedborre	51/159
Brun vedborre	85/470
Brännässla	65/271
Bålgeting	75/363
Bönbladlus	37/ 4
Bönfläcksjuka	43/ 80
Bönrost	43/ 74
Bönsmyg	83/451

C

Clercks minerarmal	53/179

D

	Sida/Nr.
Dillsenap	69/315
Dubbelögad bastborre	73/348
Duvvicker	71/329
Dödsur, envis trägnagare	89/503
Dödsur, strimmig trägnagare	79/412
Dödsur, strimmig trägnagare	87/502

E

Ekbock	85/459
Ekkärnborre	85/460
Ekmjöldagg	81/428
Ekprocessionsspinnare	73/342
Eksplintbagge	87/489
Ekvecklare	73/343
Ekvedborre	87/486
Eldticka	81/429
Etternässla	65/272

F

Fettistel	65/275
Filtsjuka	47/124
Fjädertofsspinnare, aprikosspinnare	79/404
Flikmålla	69/310
Flyghavre	67/284
Fläckig askbastborre	73/347
Fläckig sköldbagge	41/ 59
Fnösketicka	81/430
Fritfluga	37/ 12
Frostfjäril	51/152
Frostfjäril	75/359
Fruktbladstekel	51/164
Fruktbladstekel	53/197
Fruktbladvecklare	49/153
Fruktträdskräfta, lövträdskräfta	57/227
Fruktträdsminerarmal	51/175
Fruktträdsspinnkvalster	53/191
Fårad öronvivel	61/240
Fältärenpris	65/281
Föränderlig barkbock	87/497

G

Gammafly	75/360
Granrost	81/431
Granvivel	75/357
Groblad	71/326
Groddbrand, rotbrand	45/109
Gråbo	65/268
Gråmögel	63/255
Gräsmjöldagg	43/ 90
Grön äppelbladlus	49/127
Grönknavel	65/260
Grönt pilfly	79/423
Gulhårig skinnarbagge	41/ 52
Gul hornstekel, stor hornstekel	87/492
Gul plommonstekel	53/186
Gulrost	43/ 87
Gul vetemygga	41/ 66
Gulvingadtallspinnarstekel	75/372
Gurkfläcksjuka	43/ 91

	Sida/Nr.
Gurkmjöldagg	45/ 92
Gurkröta	43/ 69
Gårdmålla	69/309
Gårdskräppa	65/263
Gängel	67/285

H

Hagelskottsjuka	59/233
Hagtornsfjäril	49/137
Hagtornsfjäril	73/334
Hallonblomvivel, jordgubbsvivel	49/150
Hallonblomvivel, jordgubbsvivel	51/157
Hallonskottsjuka	57/231
Hallonänger, hallonmask	51/158
Halmstekel	37/ 17
Hampdån	67/295
Hasselbock	85/467
Havreflygsot	45/ 93
Havrenematod, havreål	37/ 20
Hjärtröta	45/ 95
Honungsskivling	57/218
Husbock	85/468
Husborre	85/477
Husmus	83/444
Hårdsot	43/ 89
Hårmygga	37/ 13
Häckvecklare	51/156
Hästhov	67/297
Hästmyra	77/397
Hästmyra	87/491
Hästmyra	87/493
Häxkvast på plommon	57/230

J

Jordgubbskvalster	49/149
Jordloppa	37/ 9
Jättebasborre	77/398
Jättetaggbock, stor timmerman	87/481

K

Kamhornad trägnagare	87/490
Kamomill	67/298
Kanada-binka	65/270
Klumprotsjuka	45/101
Klöverröta	45/100
Knäckesjuka, vridrost	81/432
Knäpparlarv	37/ 6
Knäpparlarv	73/341
Knölsyska	69/322
Koloradobagge	39/ 27
Kommasköldlus	51/170
Kommasköldlus	79/414
Kornflygsot, flygsot på korn	43/ 88
Kornmal	83/447
Kornmygga, hessisk fluga	37/ 21
Kornrost, brunrost på korn	43/ 77

	Sida/Nr.
Kornvallmo	67/300
Kornvivel	83/446
Korstecknad druvvecklare	61/253
Kortörad jordsork	55/206
Kronrost på havre	45/104
Krusbärsbladlus	51/161
Krusbärskvalster	55/201
Krusbärsmätare	55/202
Krusbärsmjöldagg	59/234
Krusbärsstekel	53/199
Krusskräppa	65/265
Kråkvicker	71/328

L

Lavar	57/216
Lindmätare	51/151
Lindmätare	75/358
Linrost	43/ 86
Liten almsplintborre	89/504
Liten gransågstekel	73/352
Lomme	67/293
Långhorningar	85/456
Lärkbock	87/478
Lärkkräfta	81/435
Lärkskytte	81/436
Lärkträdsmal	77/382
Lärkträdsvecklare	77/383
Lökfluga	41/ 68
Lökmal	39/ 39
Lövskogsnunna	53/198
Lövskogsnunna	79/405
Lövvedborre	75/362

M

Majssot	45/105
Makaonfjäril	41/ 60
Maskros	69/308
Medelhavsfruktfluga	51/174
Metallglänsande lövvivel	53/192
Mindre aspglansbagge	79/421
Mindre aspvedbock	77/394
Mindre aspvedbock	87/488
Mindre ekbock	85/469
Mindre fruktträdsplintborre	53/178
Mindre fruktträdssplintborre, stenfruktssplintborre	77/390
Mindre knoppvecklare	51/169
Mindre märgborre	79/418
Mjukdån	67/294
Mjuk trägnagare	85/476
Mjölbagge	83/448
Mjöldryga	45/106
Mjölktistel	65/276
Morotsfluga	39/ 45
Mossor	57/225
Mullvad	39/ 43
Mullvadsyrsa	39/ 44
Mullvadsyrsa	77/385
Murgrönsärenpris	65/280
Myskbock	87/480
Mållstinkfly, betstinkfly	41/ 54
Möss	51/172

N

Nattskatta	69/311
Nattsmyg, silverfisk	83/453
Nicktistel	65/278

	Sida/Nr.
Nunna, barrskogsnunna	77/387
Nätstinkfly	49/138
Nötvivel	51/155

O

Ostronsköldlus	53/194
Oxhuvudspinnare	77/386

P

Penningört	69/314
Persikbladlus	53/181
Persikkrussjuka	57/222
Persikmal	53/182
Persiksköldlus	53/183
Persikvecklare	53/184
Pestskråp	69/312
Pingborre	37/ 24
Pingborre	51/163
Pipdån	67/296
Plommonbladlus	55/208
Plommonrost	59/239
Plommonrullvivel	53/185
Plommonstekel	53/187
Plommonvecklare	53/188
Poppelkräfta	81/437
Poppelrost	81/438
Poppelsvärmare	77/395
Potatisbladlus	39/ 26
Potatiskräfta	45/ 96
Potatisnematod, potatisål	37/ 25
Praktbagge	49/145
Prästkrage	71/331
Pulverskorv	45/ 97
Pungsjuka	57/226
Päronblomvivel	49/142
Pärongallkvalster	49/143
Pärongallmygga	49/140
Päronrost, gelérost	57/211
Päronrullvivel	61/250
Päronskorv	57/212
Päronspinnarstekel	49/141
Päronstekel	49/144

R

Randig jordloppa	39/ 30
Randig sädesknäppare	41/ 58
Randig vedborre	77/388
Randig vedborre	87/484
Randig ärtvivel	37/ 3
Rapsbagge	39/ 49
Rapsfjäril	39/ 50
Rapsjordloppa	39/ 48
Revfingerört	67/283
Revsmörblomma	67/289
Ringspinnare	53/189
Ringspinnare	77/399
Risvivel	83/452
Rotdödare	45/111
Rågbroddfluga	37/ 16
Rågbrunrost, brunrost på råg	43/ 78
Rättikfluga, bönstjälkfluga	41/ 51
Röd tallstekel	75/369
Röd äppelbladlus	49/128
Rödarv	65/259
Rödbränna	63/258
Rödplister	69/323
Rönnbärsmal	49/133

S

	Sida/Nr.
Salladbladmögel	43/ 84
Sammetsfläcksjuka	43/ 76
San José-sköldlus	53/193
Selleriefluga	41/ 61
Sextandad barkborre	73/355
Silverglans	57/223
Silvergranlus	79/409
Skarptandad barkborre	75/366
Skeppsvarvsfluga	87/498
Skidgallmygga	39/ 34
Smalbandad ekbarkbock	85/461
Sminkrot	69/320
Snytbagge	77/401
Snärjmåra	69/307
Snömögel	45/110
Sommaradonis	67/282
Sommargyllen	65/267
Sotdagg	57/219
Spansk fluga	79/406
Sparrisbagge	41/ 63
Sparrisfluga	41/ 62
Splintbaggar	85/472
Spottstrit	79/403
Stinksot	47/119
Stjälkbakterios	45/112
Stjälknematod, stjälkål	47/116
Stor kardborre	67/301
Stor lärkstekel	77/380
Stort jordfly	61/251
Strimmig barkbock	85/458
Strimmig granborre	73/354
Strimsjuka	47/117
Stråknäckare	45/ 94
Stråsot på råg	45/107
Styvmorsviol	69/321
Större almsplintborre	79/415
Större aspvedbock	77/393
Större aspvedbock	87/487
Större fruktträdssplintborre	53/177
Större fruktträdssplintborre, kärnfruktsplintborre	77/389
Större granspinnarstekel	73/356
Större knoppvecklare	51/168
Större märgborre	79/417
Större päronbladloppa	49/139
Större skåfluga	41/ 51
Svart askbastborre	73/349
Svart granbastborre	73/351
Svart lövvedborre	51/160
Svart lövvedborre	75/362
Svart lövvedborre	85/471
Svart råtta	83/445
Svart tallbastborre	75/364
Svartfläcksjuka hos tomater	45/113
Svartkämpar	71/327
Svartrost	45/114
Svarttrips (svart växthustrips)	37/ 19
Svin-amarant	67/286
Svinmålla	67/287
Sädesbroddfly	79/426
Sädesbroddflylarv	37/ 10
Sädesbroddflylarv	73/344
Sädestrips	37/ 15
Sälgbladbagge	79/419

T

Tallbock	87/500
Tallens törskaterost	81/433
Tallfly	75/370

	Sida/Nr.
Tallmätare	75/377
Tallprocessionsspinnare	75/374
Tallskottvecklare	75/371
Tallskytte	81/434
Tallspinnare	75/378
Tallsvärmare	75/376
Termiter	87/501
Tidlösa	67/292
Tolvfläckig sparrisbagge	41/ 64
Tolvtandad barkborre	75/367
Tomatkräfta	45/115
Tomtskräppa	65/266
Torrfläcksjuka	43/ 82
Trampgräs	69/324
Trädgårdsborre	51/153
Trädgårdssnigel	37/ 14
Träfjäril	55/203
Träfjäril	79/422
Träfjäril	89/507
Trägnagare	87/483
Tvestjärt	77/391
Tvestjärt	83/450
Tysk kackerlacka	83/441

U

Ulltistel, kardtistel	65/274

V

Vallört	65/269
Vanlig druvvecklare	61/254
Vanlig geting	55/204
Vanlig korsört	69/306
Vanlig ollonborre	39/ 41
Vanlig ollonborre	51/171
Vanlig ollonborre	61/244
Vanlig ollonborre	77/384

	Sida/Nr.
Vanlig pilört	67/302
Vanlig potatisskorv	45/ 98
Vanlig sköldlus	55/209
Vanlig sköldlus	61/247
Vanlig smörblomma	67/290
Vanlig tallstekel	75/368
Vattensork, mullsork	55/205
Vetebrunrost, brunrost på vete	43/ 79
Vetejordfly	41/ 65
Videbock	89/505
Videspinnare, pilvitgump	79/424
Vinbladmögel	63/257
Vinbärsbladlus	51/162
Vingallkvalster	61/245
Vinmjöldagg	63/256
Vinlus, phylloxera	61/249
Vinsköldlus	61/248
Vissnesjuka	47/120
Vivlar	87/494
Våtarv	71/325
Vägsenap	69/316
Vägtistel	65/277
Välsk krasse	69/313
Västeuropeisk tallbock	85/475
Växthusspinnkvalster	61/241

W

Weymouthtallens törskaterost	81/440

Å

Åkerbinda	69/304
Åkerfräken	69/317
Åkergyllen	69/319
Åkerjordfly	73/333
Åkerpilört	69/303
Åkerrättika	67/291

	Sida/Nr.
Åkersenap	65/261
Åkersmörblomma	67/288
Åkersnigel	37/ 1
Åkersork	37/ 11
Åkersork	81/443
Åkertistel	65/273
Åkerven	71/330
Åkervinda	65/262
Åkerärenpris	65/279
Åttatandad barkborre, granbarkborre	73/353

Ä

Ädelgranbarrlus	79/410
Ängsstinkfly	37/ 23
Äpplebladloppa	49/130
Äppleblomvivel	49/131
Äppleglasvinge	49/126
Äpplemjöldagg	57/210
Äpplerödgump	51/154
Äpplerödgump	75/361
Äppleskorv, päronskorv, körsbärsskorv	59/232
Äpplespinnmal	49/125
Äpplestekel	49/134
Äpplevecklare	49/136
Ärtbladlus	37/ 7
Ärtfläcksjuka	43/ 81
Ärtmjöldagg	43/ 83
Ärtsmyg	37/ 8
Ärtsmyg	83/442

Ö

Ögonfläcksjuka	59/237
Öronvivel	39/ 40
Öronvivel	61/243
Öronvivel	77/402

Indice alfabético español

El primer número indica la página, y el segundo, el segundo, el número corrido del insecto o de la maleza; por ej.: Abremanos, Mijo de sol agreste, pág. 69/número corrido 320. Si el insecto figura en diferentes grupos del diccionario, se hallarán, por lo tanto, varias indicaciones de números.

Página/No.

A

Abremanos, Mijo de sol agreste	69/320
Acariosis de la vid	61/242
Acaro del fresal	49/149
Acaros, Arañuelas	51/173
Acedera menor, Acederilla, Vinagrerita	65/264
Acedera redonda	65/263
Aciano, Azulejo	69/305
Agrilo del peral	49/145
Ajenjo seriño, Hierba de los cirujanos, Hierba de la sabiduría	69/315
Alacrán cebollero	77/385
Alacrán cebollero, Grillo real, calluezo	39/ 44
Aleurodes de la col	39/ 35
Altabaca, Olivarda, Hierba impía	65/270
Alverja erizada	71/329
Alverja menor	71/328
Amapola, Ababol	67/300
Amaranto	67/286
Amargón, Diente de león	69/308
Amor de hortelano, Hierba del amor	69/307
Anguílula de la avena	47/116
Anguílula de la remolacha	37/ 20
Anguílula de la remolacha	41/ 57
Anguílula de la remolacha, Nemátodo dorado de la patata	37/ 25
Antónomo de la fresa y del frambueso	49/150
Antónomo del frambueso	51/157
Antónomo del manzano	49/131
Antónomo del peral, Gorgojo del peral	49/142
Antracnosis de las cucurbitáceas, judía. etc.	43/ 69
Antracnosis de las guisantes	43/ 81
Antracnosis de las judías	43/ 80
Aperdigonado, cribado de las hojas del melocotonero	57/228
Aporia de los frutales	49/137
Arañuela	61/241
Arañuela, Briobia	55/201
Arañuelo del manzano, Oruga hilandera	49/125
Arañuelo, Hilandero de la vid, Polilla del racimo	61/253
Arañuela roja, Acaro rojo	53/191
Armuelle de marisma	69/310
Armuelle silvestre	69/309
Artemisa	65/268
Arvícola	55/205
Avena loca, Balluca, Cogula	67/284
Avispa	55/204
Avispón	75/363

Página/No.

B

Babosita del peral	51/164
Babosita del peral	53/197
Bacteriosis de las rosáceas	57/215
Bacteriosis del tabaco	47/121
Bardana mayor, Lampazo	67/301
Barrenador del maiz	39/ 42
Barrenillo capuchino	85/473
Barrenillo de la encina y el castaño	87/485
Barrenillo de las frondosas y coníferas	85/470
Barrenillo de los árboles frutales	77/390
Barrenillo del abedul	73/337
Barrenillo del abeto	73/354
Barrenillo del abeto blanco	79/408
Barrenillo del olivo, Ilcsino del olivo	73/350
Barrenillo dentado	75/367
Barrenillo desigual	75/362
Barrenillo dispar	51/160
Barrenillo dispar	85/471
Barrenillo estriado, de las coníferas	87/484
Barrenillo grande del manzanc	77/389
Barrenillo grande del manzano	53/177
Barrenillo menor de los árboles frutales	53/178
Barrenillo menor del fresno	73/347
Barrenillo pequeño del abeto blanco	79/407
Barrenillo pequeño de los abetos	73/355
Barrenillo pequeño del olmo	89/504
Barrenillo puntiagudo	75/366
Barrenillo tipógrafo	73/353
Barrenillo (xilévoro)	51/159
Bibio de las huertas	37/ 13
Bolsa de pastor, Zurrón de pastor, Paniquesillo	67/293
Bombícido lanudo	73/336
Botón de oro	67/289
Botón de oro, Hierba bélida	67/290
Bostrico de las coníferas	79/427
Bostrico del alerce	77/381
Bostrico doméstico	85/477
Bostrico estriado de las coníferas	77/388
Broma, Taraza naval	87/498
Brugo de los pinos	75/371
Brugo, Lagarta pequeña de la encina	73/343
Bucéfala	77/386
Bunia de Oriente	71/332

Página/No.

C

Calidio bronceado	87/496
Calidio violáceo	87/495
Cáñamo bastardo, Galeopsis erizado	67/296
Cáñamo silvestre	67/294
Cáñamo silvestre	67/295
Cáncer del cuello	47/123
Cantárida oficinal	79/406
Capricornio doméstico, Hilotrupe, Taladro de los postes telegráficos	85/468
Capricornio pequeño de la encina y el castaño	85/469
Carbón de la avena	45/ 93
Carbón de la paja del centeno	45/107
Carbón del maiz	45/105
Carbón desnudo de la cebada	43/ 88
Carcoma de los muebles	79/412
Carcoma de los muebles	89/503
Carcoma estríada	87/502
Carcomas	87/483
Cardo borriquero	65/274
Cardo cundidor	65/273
Cardo espinoso	65/277
Cardo rojo	65/278
Caries del trigo	47/119
Carraspique, Telaspios	69/314
Casida de la remolacha	41/ 59
Cefo del trigo	37/ 17
Cenizo, ceñigo, cenizo blanco	67/287
Cerambícido de los sauces	89/506
Cerraja, Lechuguilla	65/275
Cerraja, Lechuguilla silvestre	65/276
Cetonia velluda	53/190
Ceutorrinco, Gorgojo de la adormidera	39/ 46
Ceutorrinco, Gorgojo de la col	39/ 33
Chancro bacteriano del cerezo	59/235
Chancro de la tomatera	45/115
Chancro del alerce y del haya	81/435
Chancro del chopo	81/437
Chancro del manzano	57/227
Chinche del lúpulo	37/ 23
Chinche de la remolacha	41/ 54
Chinche del peral, Tingido del peral	49/138
Cinco en rama, Pié de Cristo	67/283
Cigarrero de la vid	61/250
Ciruelas del diablo	57/226
Cladosporiosis de las cucurbitáceas	43/ 91
Cleonus de la remolacha	37/ 5
Clito	87/482
Cochinilla gris del peral	53/195
Cochinilla, lecanio de la vid	61/247
Cochinilla ostriforme de los frutales	53/194

	Página/No.
Cochorro, Escarabajo de San Juan, Gusano blanco	77/384
Cola de caballo	69/318
Cola de caballo menor, Cola de rata	69/317
Coleófora de los frutales	53/176
Cornezuelo del centeno	45/106
Corregüela	69/304
Corregüela menor, Campanicas	65/262
Costras rojas del ciruelo	57/217
Criocéfalo rústico	85/465
Criocero del espárrago	41/63
Criocero del espárrago de doce puntos	41/64
Criptocéfalo del pino	75/365
Crisomela del aliso	73/345
Crisomela del chopo	77/392
Crisomela del chopo	79/420
Crisomela del chopo temblón	79/421
Cucaracha rubia	83/441
Curculiónido de la haya	85/466

D

Defoliación del alerce	81/436
Diablo, **Gorgojo del avellano**	51/155
Doradillas, Gusanos de alambre	37/6
Doradillas, Gusanos de alambre, Alambrillos	73/341
Dorifora, escarabajo de la patata	39/27

E

Earias de los sauces	79/423
Enfermedad del corazón de la remolacha	45/95
Enrojecimiento de las hojas de la vid	63/258
Enrojecimiento y caída de las hojas del pino	81/434
Ergates	87/481
Ernobio de las coníferas	85/476
Erinosis de la vid	61/245
Erismo	69/319
Erismo, Hierba de los cantores, Hierba de San Alberto	69/316
Escarabajo de San Juan, cochorro	39/41
Escarabajo de San Juan, cochorro, gusano blanco	61/244
Escarabajo sanjuanero (menor)	37/24
Escarabajuelo de los nabos	39/49
Escleranto anual	65/260
Escoba de bruja del cerezo	57/220
Escoba de bruja del ciruelo	**57/230**
Escribano de la vid	61/246
Esfinge del álamo	77/395
Esfinge del pino	75/376
Espumadora	79/403
Estriado de las hojas de la cebada	47/117

F

Falena del grosellero, oruga geómetra del grosellero	55/202
Falena deshojadora o desfoliadora	75/358
Falena invernal	75/359
Falena invernal de los frutales	51/152
Falena mayor de los frutales	51/151
Falsa abeja del chopo	**73/335**
Falsa Coclearia	69/313
Falsa oruga del alerce	77/380
Falsa oruga de los nabos y coles	41/55
Falsa polilla del grano	83/447
Falso hongo yesquero	81/430
Filobio	53/192
Filoperta de las huertas	51/153
Filoxera de la vid	61/249
Flor de Adonis, Ojo de perdiz, Saltaojos	67/282
Fumagina de la vid, negrilla	57/219
Fusarioris de la patata	45/99

G

Galeruca del olmo	79/413
Galuerca del sauce	79/419
Galinsoga	67/285
Gastropaca	75/379
Geómetra del haya	73/339
Geómetra del pino	75/377
Gorgojo chato del trébol, etc.	39/40
Gorgojo de las habas	83/451
Gorgojo de las raíces de adormidera	39/47
Gorgojo de las yemas, Filobio roebrotes	53/196
Gorgojo del abeto, Hilobio del abeto	77/401
Gorgojo del álamo y del sauce	73/346
Gorgojo del arroz	83/452
Gorgojo del chopo	85/462
Gorgojo del guisante	37/8
Gorgojo del guisante	83/442
Gorgojo del haya	73/340
Gorgojo del trébol	61/243
Gorgojo del trigo	83/446
Gorgojos, Picudos roebrotes	87/494
Grafiosis del olmo, Enfermedad holandesa de los olmos	81/439
Gran barrenillo del fresno	73/349
Gran barrenillo del olmo	79/415
Gran capricornio de las encinas	85/459
Gran mariposa blanca de la col	39/37
Gusano blanco Vacallarín, Cochorro, Jorge,	51/171
Gusano de alambre, Doradilla	41/58
Gusano de las uvas	61/254

H

Hernia, Potra de la col	45/101
Hierba cana	69/306
Hierba de Santa Bárbara, Hierba de los carpinteros	65/267
Hierba fina, Agrostis	71/330
Hierba pajarera, Pamplina	71/325
Hifantria de los frutales	79/425
Hilesino del abeto rojo	73/351
Hilesino gigante del abeto rojo	77/398
Hilesino negro del pino	75/364
Hilesino polígrafo	73/348
Hongo yesquero	81/429
Hoplocampa de las ciruelas	53/186
Hoplocampa del manzano	49/134
Hoplocampa del peral	49/144
Hoplocampa menor de las ciruelas	53/187
Hormiga carpintera	77/397
Hormiga carpintera	87/493
Hormiga hércules	87/491

L

Lagarta peluda de las encinas	53/198
Lagarta peluda de las encinas	79/405
Lamia de los pinos	85/475
Lamia tejedora	87/499
Lamia tejedora	89/505
Lasiocampa del pino	75/378
Lecanino de la vid y de los frutales	55/209
Lecanino del melocotonero	53/183
Lengua de vaca	65/265
Lengua de vaca	65/266
Lepisma, Pececillo plateado	83/453
Lepra, Abolladura de las hojas del melocotonero y del almendro	57/222
Líctidos	85/472
Licto lineal	87/489
Lida del abeto, Barrenillo común del olivo	73/356
Lida del peral	49/141
Lida de los pinos	75/372
Limaco, babosa	37/1
Limaco, babosa	37/14
Líquenes	57/216
Llantén mayor	71/326
Llantén menor, Correola	71/327
Lofiro, Falsa oruga del pino	75/368
Lofiro rojo del pino	75/369
Longicornios	85/456
Longicornio del abeto rojo	85/463
Longicornio del avellano	85/467
Longicornio del haya	87/497

M

Macuba, Gusano de olor	87/480
Mal blanco, Oidio del guisante	43/83
Mal del pié de los cereales	45/94
Mal del pié de los cereales	45/111
Mal del plomo	57/223
Manchas de las hojas del apio	43/72
Manchas de las hojas del grosellero	57/214
Manchas de las hojas de la remolacha	43/70
Manchas de las hojas del tomate	43/73
Manchas negras del tomate	43/76
Manzanilla de Aragón, Manzanilla bastarda, Manzanilla loca	67/298
Manzanilla inodora	67/299
Marchitez bacteriana de la tomatera	43/75
Margarita mayor	71/331
Mariposa blanca de cola dorada, Oruga de zurrón	51/154

	Página/No.
Mariposa blanca de cola dorada, Oruga de zurrón	75/361
Mariposa blanca de los frutales	73/334
Mariposa, Macaón	41/ 60
Mariposa monja	77/387
Mariposa plateada de los álamos	79/424
Mariposa viejecita	79/404
Mielófilo pequeño del pino	79/418
Mielófilo pierdepinos	79/417
Mildiú de la cebolla	43/ 85
Mildiú de la lechuga	43/ 84
Mildiú de la vid, Atabacado, Niebla de la vid	63/257
Mildiú de las crucíferas	45/102
Mildiú, Gangrena de la patata	45/103
Minadora de las hojas del alerce	77/382
Minadora de las hojas del manzano	53/179
Minadora de las hojas del manzano	51/175
Moho, Botritis, Podredumbre de las uvas	63/255
Moho de nieve Fusariosis	45/110
Moho, Podredumbre negra de la fruta	57/224
Mosca de la cebolla	41/ 68
Mosca de la col	39/ 32
Mosca de la remolacha	41/ 56
Mosca de la zanahoria	39/ 45
Mosca de las cerezas	51/167
Mosca de los cereales	37/ 16
Mosca del apio	41/ 61
Mosca del chalote	41/ 51
Mosca del espárrago	41/ 62
Mosca mediterránea de las frutas	51/174
Mosca, Oscinia, Frit	37/ 12
Mosquito de la col	39/ 29
Mosquito de la col	39/ 34
Mosquito del peral, Cecidómido de las peritas	49/140
Mosquito del trigo	37/ 21
Mosquito del trigo	41/ 66
Mostaza silvestre	65/261
Murajes	65/259
Musgos	57/225

N

Negrón, Niebla de la patata	43/ 82
Nóctua común de las mieses, Gusanos grises, Rosquillas	37/ 10
Nóctua común de las mieses, Gusanos grises, Rosquillas	73/344
Nóctua común de las mieses, Gusanos grises, Rosquillas	79/426
Nóctua de la admiración	73/333
Nóctua de la col	39/ 31
Nóctua del pino	75/375
Nóctua gamma, Mariposa gamma	75/360
Nóctua pierdepinos	75/370

O

Oidio, Ceniza de la vid	63/256
Oidio de los cereales	43/ 90
Oidio del grosellero	59/234

	Página/No.
Oidio del roble	81/428
Oidio del rosal	57/229
Oidio, Mal blanco de las compuestas	45/ 92
Oidio, Mal blanco del manzano	57/210
Ortiga hedionda	69/322
Ortiga mayor, Ortiga grande	65/271
Ortiga menor, Ortiga común	65/272
Ortiga muerta	69/323
Oruga cigarrera de los frutales	51/156
Oruga de la colza y del nabo	39/ 50
Oruga de librea, Oruga galoneada	53/189
Oruga de librea, Oruga galoneada	77/399
Otiorrinco de la vid	61/240
Otiorrinco negro de las coníferas	77/402

P

Pensamiento silvestre, Trinitaria, Hierba de la Trinidad	69/321
Pequeña mariposa blanca de la col	39/ 38
Perdigonada de los frutales de hueso	59/233
Persicaria, Pimentilla, Hierba pejiguera	69/303
Persicaria mayor	67/302
Peste de los semilleros	45/108
Picudo cobrizo de las ciruelas	53/185
Picudo cortayemas	55/207
Piojillo de los invernaderos	37/ 19
Piojo de S. José	53/193
Piral de la vid, papeletero de la vid	61/252
Pisodes manchado del pino	75/373
Pisodes resinoso	75/357
Plagionoto, Clito arqueado	85/461
Platipo	85/474
Platipo cilíndrico	85/460
Podredumbre amarga de la fruta	57/213
Podredumbre de la raíz de las plantitas de tabaco	47/122
Podredumbre de las raíces	57/218
Podredumbre de la remolacha	45/109
Podredumbre del tomate	45/113
Podredumbre húmeda de la patata	45/112
Polilla de la cáscara de la manzana	49/135
Polilla de la col	39/ 36
Polilla de la flor del cerezo	51/165
Polilla de las hojas del manzano	49/129
Polilla de las hojas del manzano	49/133
Polilla de las manzanas, Gusano de las manzanas y peras	49/136
Polilla de las yemas de los frutales	51/169
Polilla del melocotonero	53/182
Polilla del puerro	39/ 39
Polilla gris de la harina	83/449

	Página/No.
Polilla o gusano de las ciruelas	53/188
Polilla oriental del melocotonero	53/184
Procesionaria de la encina	73/342
Procesionaria de los pinos	77/396
Procesionaria del pino	75/374
Psila del manzano	49/130
Ptilino	87/490
Pudorosa	77/400
Pulgón amarillo del grosellero	51/162
Pulgón ceroso de la col	39/ 28
Pulgón ceroso del melocotonero	55/208
Pulgón de la remolacha	41/ 53
Pulgón de las ramas del abeto blanco	79/409
Pulgón de los brotes del abeto blanco	79/410
Pulgón gris del manzano	49/132
Pulgón lanígero del manzano	49/148
Pulgón negro del cerezo	51/166
Pulgón negro de las habas	37/ 4
Pulgón negro del melocotonero	53/180
Pulgón rosado del manzano	49/128
Pulgón verde del grosellero	51/161
Pulgón verde del guisante	37/ 7
Pulgón verde del manzano	49/127
Pulgón verde del melocotonero	53/181
Pulgón verde de la patata	39/ 26
Pulgones	37/ 2
Pulgones, Piojillos	49/146
Pulguilla bandeada, de las crucíferas	39/ 30
Pulguilla de la colza	39/ 48
Pulguilla de la remolacha	37/ 22
Pulguillas	37/ 9
Pulvinaria de la vid	61/248

R

Rabaniza común, Rabanillo	67/291
Ranúnculo	67/288
Rata negra	83/445
Rata parda	83/454
Ratillas	37/ 11
Ratón casero	83/444
Ratón de campo	83/443
Ratón de la mieses, Topillos	55/206
Ratones del campo	51/172
Rizoctonia de la patata	47/124
Rizotrogo	51/163
Roña común de la patata	45/ 98
Roña de las peras, Moteado del peral	57/212
Roña, Moteado del manzano	59/232
Roña pulverulenta de la patata	45/ 97
Rosquilla de la vid	61/251
Rosquilla, Gusano gris	41/ 65
Roya amarilla	43/ 87
Roya blanca de las crucíferas	47/118
Roya coronada de la avena	45/104
Roya de las judías	43/ 74
Roya del abeto roja	81/431
Roya del chopo	81/438
Roya del ciruelo	59/239
Roya del grosellero	81/440
Roya del lino	43/ 86

	Página/No.
Roya del peral	57/211
Roya enana de la cebada	43/ 77
Roya negra de los cereales	45/114
Roya parda del centeno	43/ 78
Roya parda del trigo	43/ 79
Roja torcedora del pino	81/432
Roya vesiculosa del pino	81/433

S

	Página/No.
Sanguinaria mayor, Hierba de las calenturas, Lengua de pájaro	69/324
Saperda de los chopos	77/393
Saperda de los chopos	87/487
Saperda del cerezo	87/479
Saperda pequeña de los chopos	77/394
Saperda pequeña de los chopos	87/488
Sarna de las hojas del peral	49/143
Sarna o roña del cerezo	57/221
Sarna verrugosa de la patata	45/ 96
Sclerotinia del trébol, Mal del esclerocio	45/100
Seca de las ramas del frambueso	57/231
Septoriosis del peral	59/236
Serpeta de los frutales	51/170
Serpeta del olmo y de los frutales	79/414
Sesia del manzano	49/126
Silfa de la remolacha	41/ 52
Sinfito mayor Consuelda mayor	65/269
Sirice azul	85/464
Sírice gigante	87/492
Sitona del guisante	37/ 3
Solano negro, Hierba mora	69/311
Sombrerera, Tusílago mayor	69/312

T

	Página/No.
Taladro amarillo de los troncos	49/147
Taladro amarillo de los troncos	73/338
Taladro amarillo de los troncos	85/455
Taladro rojo de los troncos	55/203
Taladro rojo de los troncos	79/422
Taladro rojo de los troncos	89/507
Té de Europa	65/280
Termes, Comejenes, Hormigas blancas	87/501
Tenebrio molinero	83/448
Tentredino amarillo del grosellero	53/199
Tendredino negro del grosellero	53/200
Tetropio	87/478
Tijereta	77/391
Tijereta	83/450
Tingido del peral	49/139
Típula	41/ 67
Tizón de la cebada	43/ 89
Topo	39/ 43
Torcedora (Tortrix) del alerce	77/383
Tortrícido de los frutales	51/168
Tortrix del abeto	79/411
Traqueo-verticilosis de la patata	47/120
Trips de los cereales	37/ 15
Tumores de las raíces, agalla del cuello, cáncer vegetal	59/238
Tusílago, Uña de caballo, Uña de asno	67/297

V

	Página/No.
Verme del frambueso	51/158
Verónica	65/281
Verónica agreste	65/279
Villorita Colchico de otoño	67/292
Viruela de las hojas de la acelga y la remolacha	43/ 71
Viruela de las hojas del fresal	59/237

X

	Página/No.
Xilévoro de la encina	87/486

Z

	Página/No.
Zabro del trigo	37/ 18

Literaturhinweis

Anmerkung: Die lateinische Nomenklatur für die behandelten Phanerogamen wurde auf Grund des dreizehnbändigen Werkes von G. Hegi „Illustrierte Flora von Mitteleuropa", erstellt. Demnach wurden Artnamen dann groß geschrieben, wenn sie im Laufe der Entwicklung heute international gültiger Regeln für die Erstellung der binomialen Nomenklatur irgendwann einmal Gattungsnamen gewesen sind, heute aber nur mehr eine Art umfassen. Diese Regeln gehen im wesentlichen auf Ascherson und Gräbners „Synopsis der mitteleuropäischen Flora" zurück. Mit Rücksicht auf ein möglichst natürliches System folgen sie nicht immer den Grundsätzen der Priorität. Die Abkürzung der Autorennamen entspricht ebenfalls ausnahmslos dem Nachschlagewerk von Hegi.

Die Nomenklatur für die behandelten tierischen Schädlinge folgt der Handhabung in H. W. Frickhinger, „Leitfaden der Schädlingsbekämpfung". Einigen Bezeichnungen wurden gebräuchliche Synonima beigefügt, deren Autoren der Einfachheit halber ungenannt bleiben konnten.

H. H. Bielfeldt, Russisch-Deutsches Wörterbuch, Berlin 1958

Blunck und Riehm, Pflanzenschutz, Deutscher Landwirtschaftsverlag, Frankfurt 1958

Bompiani, Enciclopedia pratica, Bd. II, 1958

H. Braun und E. Riehm, Die wichtigsten Krankheiten und Schädlinge der landwirtschaftlichen und gärtnerischen Kulturpflanzen und ihre Bekämpfung, 7. Auflage, Berlin 1953

Der Große Brockhaus, Wiesbaden 1952

Davidov-Bachtejev, Botanisches Wörterbuch, Moskau 1960

Encyclopaedia Britannica, Chicago-London-Toronto 1951

H. Fey, Wörterbuch der Ungeziefer-, Schädlings- und Pflanzenkrankheitsbekämpfung, 2. Auflage, Eberswalde 1937

H. W. Frickhinger, Leitfaden der Schädlingsbekämpfung, Stuttgart 1955

Miguel de Toroy y Gomez, Nuevo Diccionario o Español

Slaby-Großmann, Wörterbuch der Deutschen und Spanischen Sprache, 2 Bde., Brandstetter Verl., Wiesbaden 1957

Haensch-Haberkamp, Wörterbuch der Landwirtschaft Deutsch-Englisch-Französisch-Spanisch, München 1963

G. Hegi, Illustrierte Flora von Mitteleuropa, 13 Bde., München 1906 u. jüngere Auflagen, Lehmann

O. Hoppe, Svensk-tysk ordbok, Svenska bokförlaget, Stockholm 1940

Illusterad svensk ordbok, Redaktion B. Molde, Verlag Natur och Kultur, Stockholm 1955

Langenscheidts Taschenwörterbuch schwedisch-deutsch, deutsch-schwedisch, Langenscheidt KG Verlagsbuchhandlung Berlin-Schöneberg 1959

Larousse de XXe siècle en six volumes, publié sous la direction de Paul Auger, Paris, Librairie Larousse, 1962

Leping-Strachowaja, Deutsch-Russisches Wörterbuch, Moskau 1958

G. Lüstner, Feinde und Krankheiten der Gemüsepflanzen, Stuttgart 1933

F. W. Maier-Bode, Taschenbuch der tierischen Schädlinge, München 1924

S. Mehl, Schädlinge in Getreidespeichern, München 1940

Ferdinando Palazzi, Novissimo Dizionario della Lingua Italiana, Ceschina, Milano 1958

J. Pawlowsky, Deutsch-Russisches Wörterbuch, Leipzig 1950

Rieger-Michaelis, Genetisches und Cytogenetisches Wörterbuch, Berlin-Göttingen-Heidelberg 1958

Rostrup-Thomsen, Die tierischen Schädlinge des Ackerbaues, Berlin 1931

Der Große Stowasser, Lateinisch-Deutsches Wörterbuch, Wien 1938

Vallardi, Il Novissimo Melzi, Bd. II, Scientifico, Milano 1960

J. P. Vite, Die holzzerstörenden Insekten Mitteleuropas, 2 Bde., Göttingen 1952

O. Wehsarg, Ackerunkräuter, Berlin 1931

Welster's New International Dictionary of the English Language, Second Edition 1953

Werner, Wortelemente lateinisch-griechischer Fachausdrücke in der Biologie, Zoologie und vergleichenden Anatomie, Leipzig 1956

If you have any concerns about our products,
you can contact us on
ProductSafety@springernature.com

In case Publisher is established outside the EU,
the EU authorized representative is:
Springer Nature Customer Service Center GmbH
Europaplatz 3, 69115 Heidelberg, Germany

Printed by Libri Plureos GmbH
in Hamburg, Germany